卫衣穿搭

黑卫衣 VS 白卫衣 VS 彩卫衣

一、黑卫衣

1. 衬衫 + 西装短裤

领子和下摆都要露出来，营造一些层次感，搭配西装短裤，完美地解决大腿根儿粗、胯大、屁股大的问题，也可以搭配贝雷帽、细链条双肩包、黑框眼镜，整体非常减龄，书生气满满。

我选了简约冷淡风，首选黑白灰，温暖日系风可以选米白、卡其、深棕色系，其他的都能随便搭，大伙儿自己发挥。

2. 高领打底衫 + 阔腿裤

【英伦复古范儿】

　　这个穿搭适合秋冬，微微有些凉意了，里面搭个高领衫，保暖又好看，要是想显脸小，尽量选 V 领，而不是圆领，可以从视觉上修饰脸形。还可以搭配贝雷帽，整体复古范儿十足。

　　我为了冷暖撞色系，黑色（冷色）卫衣搭配了一条棕红（暖色）裤子，不挑颜色，大伙儿自己看着搭配。

3. 单衣 + 瑜伽裤

【叠穿小能手】

　　长款的圆领单衣很难搭配，一不小心就把人衬得又矮又胖，为了利用起来可以穿在卫衣里面，长度露出来一节，直接变废为宝，还能遮住胯宽部分。穿条瑜伽裤打造上宽下窄的效果，不会出错。

　　可以搭配棒球帽，整个人很休闲。

二、白卫衣

1. 马甲 + 工装裤

马甲也是一个叠穿宝藏单品,因为是无袖的,也不用担心会显得臃肿。工装裤对梨形身材的姐妹也很友好,首先面料是比较硬挺的,所以不会太贴肤,从而显肉。对于下半身比较胖的姐妹就不要选高帮鞋了,最好把脚踝露出来,这样视觉上能拉长腿。

可以搭配堆堆帽或者包头帽,整体给人的感觉会更酷。

2. 牛仔套装

【西海岸 hiphop 风】

这个搭配非常的青春，穿上去就感觉来到了海边，很清新。但要注意牛仔搭牛仔，千万不能顺色，外套和裤子的颜色要有深浅对比，你要是上瘦下胖就可以和我一样穿上浅下深的，视觉上显得腿形纤瘦。

3. 西装套装

【欧美明星的爱】

这个搭配可以拯救你百分之八十的垃圾西服,就像我这个火龙果色的西服,平时很难穿出门,因为颜色太难搭配了,但是和白卫衣在一起完全不会显得花哨,保暖度也够。要注意里面的卫衣尽量不要选太厚重的,轻薄一些,帽子可以大一些放到外面,体现层次感。

可以搭配手提包、墨镜,这两个单品一上来那就是跩姐范儿,也很高级。

4. 连衣裙

【拯救显怀肚】

这个搭配可以很好地把平时穿不上的连衣裙、包臀裙用上，大部分女生可能都会有小肚子，这种贴身的针织连衣裙会把小肚子暴露无遗，但要是在外面套一件卫衣，既可以完美地遮住小肚子，也打造了层次感。

春天特别适合小碎花，随便找一件小碎花的连衣裙，外面套上卫衣，非常休闲，下楼倒垃圾也能成为最靓的仔。这个穿法还有个好处，热的时候随时可以脱下来，如果里面是吊带觉得暴露，往肩膀上一披，韩范儿就上来了。

三、彩卫衣

1. 五分裤 + 衬衫 + 卫衣当披肩

【韩范儿拿捏住】

这种穿搭可以拯救平时颜色太艳、版型不好,甚至是小了的衣服,直接往肩上一搭,也不会热。如果你的衬衫颜色比较素,那么卫衣就可以选亮色的,不用怕太花。

可以搭配小双肩包 + 棒球帽,再搭配一个厚底鞋拉长腿形,整体很适合春天去野餐。

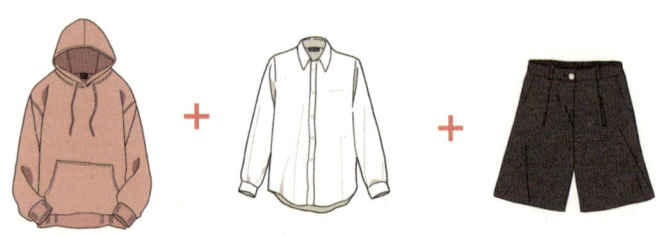

2. 半身开衩裙

  首选开衩的或不规则的，微微露出一条腿很显瘦。卫衣要选短款的（太长了显得很呆板），可以稍微扎一侧到裙子里，如果卫衣不好扎，怕显臃肿的话，教大家一个办法——用万能皮筋（日常用的头绳就行）把卫衣的一个小角扎起来，然后卷到衣服里，不用太多的配饰，主要走休闲舒适风。

白衬衫穿搭

1. 高领衫 + 西装短裤 + 风衣

【上宽下紧不出错】

这个搭配酷炫不失优雅，贵气不失休闲，风衣外套要选西装版型的，整体的感觉要笔挺板正，营造一种性冷淡风。

可以搭配贝雷帽 + 小墨镜，上海滩风格走起来。

2. 圆领卫衣 + 牛仔裤

【休闲学院风】

把衬衫的领子翻出来,这样叠穿的感觉就出来了,再搭配一个腰带把衣服扎进去,头发可以干净利落地扎上去,青春范儿很足。

3. 针织马甲 + 阔腿裤

【万能休闲风】

　　阔腿裤对梨形身材很友好，也是我的心头爱，可以选垂感的，能很好地遮住我们的大腿肉。马甲要选短款的，避免臃肿。

4. 马甲/披肩 + 束脚裤

【慵懒随意风】

尽量选坎袖的马甲,这样视觉上上身不会过于臃肿,裤子选垂感的,遮肉。

可以搭配大帽檐礼帽,整体走日系休闲风。

5. 亮色裤子，大胆撞色

【出其不意 | 彰显奇迹】

　　白色很万能，和任何颜色搭配都不容易出错，鞋子、包包都选白色的，和衬衫相呼应，整体下来两个颜色就 OK。外套选短款的，这样不臃肿。

6. 直筒裤 + 牛仔外套

【高街时尚 | 引领风向】

直筒裤对梨形身材的姐妹非常友好,直筒裤很好地修饰了假胯宽的问题,再搭配一个棒球帽,潮街出门范儿走起。

7. 马甲 + 半身裙

【叠穿女郎 | 不再迷茫】

　　马甲一穿整个层次感就上来了，搭配一条长裙，慵懒日系风就形成了，把头发扎高，干净利落彰显气质。

8. 学院外套 + 牛仔裤

【青春洋溢｜书香气质】

　　这个搭配很休闲，一定要来一条领带，外面套件学院风西装外套，下面随便配件牛仔裤都非常青春，一下回到十八岁时的校园流行风。

　　可以搭配一个黑框眼镜。

打底衫叠穿

白色打底衫 vs 黑色打底衫

一、白色打底衫

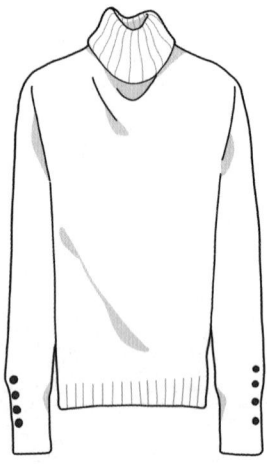

1. 皮衣 + 阔腿裤

高领衫直接搭皮衣，显得非常干净利落，妥妥的职场女强人。上面的皮衣选修身短款的，阔腿裤优选垂感强的。

2. 圆领毛衣 + 长大衣

这种搭配,如果颜色选好了回头率爆表。风衣外套要选西装版型的,整体的感觉要笔挺板正,特别贵气。

可以再搭个大帽檐礼帽,气质就有了。

二、黑色打底衫

1. 卫衣 + 牛仔裤

高领衫已经包裹脖子了,所以领口不能太杂,尽量选领口大的,整体休闲又保暖。

3. 马甲 + 西服外套

这也是一种叠穿法，如果想突出质感，内搭马甲可以选针织的。可以搭配小腰包 + 平底鞋。

风衣穿搭

黑色风衣 vs 彩色风衣

一、黑色风衣

1. 连帽卫衣 + 阔腿裤

这个搭配比较保暖，不挑人，休闲慵懒范儿。

2. 高领内搭 + 拉链运动外套 + 直筒裤

这个搭配很休闲,还很方便,如果热了可以随时把运动外套的拉链拉开,风格多样。

可以搭配一个渔夫帽 +PU 亮皮斜挎包。

二、棕色风衣

1. 衬衫 + 马甲

这个思路延续之前的白衬衫穿搭,在外面配风衣也很好看。如果想突出质感,内搭马甲可以选针织的。

2. 长毛衣 + 紧身裤

拯救不好搭配的长毛衣,而且对梨形身材很友好,长度遮住屁股和大腿,风衣可以选有版型的。

阔腿裤穿搭

1. 小香风短上衣

【精致优雅风】

如果你是梨形身材，上身瘦、下身胖，上衣一定要选短款的，这样下装才不会显得冗杂。可以搭配硬挺小手提包 + 黑框眼镜 + 小皮鞋。

2.POLO 短袖衫 + 连袖披肩

【减龄学院风】

上衣要选短款的或者扎进裤子里,裤子选五分或者盖住膝盖的,这样更能展现腰线。

可以搭配包头帽 + 双肩包 / 学院风邮差包。

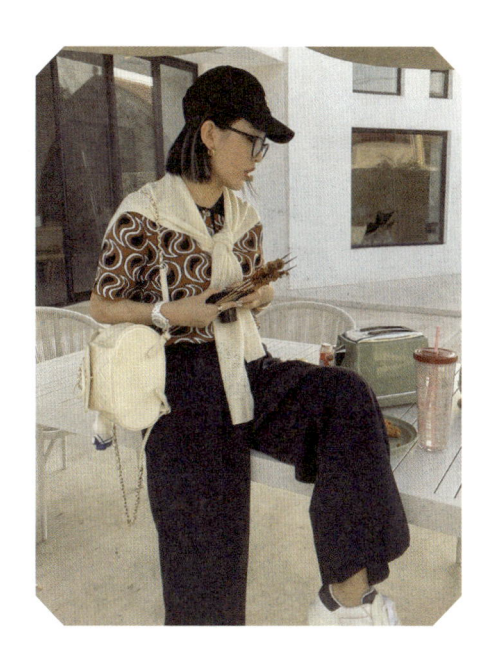

3. 衬衫 + 长款垂感针织马甲

【慵懒随意风】

马甲要选长款的，配阔腿裤达到一个叠穿的效果。可以搭配包头帽，这种特别适合咖色复古的小包。

4.POLO 短袖衫 + 短款皮衣

【帅气炫酷风】

大部分人想到皮衣都会选小脚裤配靴子,但是这对我这种梨形身材很不友好,咱们完全可以选一个短款紧身的皮衣,下面搭阔腿裤,整体非常有个性,很酷炫。

可以搭配包头帽,这种特别适合咖色或黑色复古的小包。

西服穿搭

1. 鲜艳衬衫

【拯救垃圾衬衫】

这个穿搭的要点在于西服腰间要收起来，展现腰线，整体不会太宽松，还很修身。西服套装要选同一色系的，最好是全黑，这样里面的衬衫就可以随便选颜色。

可以搭配大礼帽，同衬衫色系的手拿包。

2. 高领内搭 + 衬衫 + 阔腿裤

【高级休闲风】

也是延续了白衬衫的穿搭思路，搭配阔腿裤和棒球帽，能把笔挺的西装外套穿出休闲范儿。

3. 高领内搭 + 条纹衬衫 + 牛仔裤

【博学大佬风】

这个是上面的一种变式,条纹衬衫就是一个博学单品,穿上去很显气质。衬衫一定要扎进裤子里,领子要翻出来。

可以搭配普通黑框眼镜,头发扎起来,干净利落。

4. 高领衫 + 同色系阔腿裤

【名媛贵气风】

  这个穿搭思路是用极少的颜色穿出贵气感,可以搭配大礼帽,硬挺手提包,很高级。

梨形身材穿搭

口号：上紧下宽 上短下长
扬长避短

梨形身材的姐妹们腰一般都比较细，所以不要吝啬你们的美貌，露出你们的小蛮腰（不是说一定得露肚脐，而是露出腰两侧的 S 曲线），切记避免 Oversize 风以及 BF 风（如果你是个高高的瘦子那另说，你一定穿啥都好看，不用焦虑自己是什么类型的身材了），这种大廓形的穿搭会把咱们的优点全部盖住。那到底该怎么选呢？我总结了以下四个维度，从误区和正确搭法给大家讲一讲！

1. 上装

误区：圆领，又长又厚，贼大的廓形不修身。

正确：V 领，方领，短上衣。

手臂细的姐妹可以选紧身针织短上衣，手臂粗的姐妹就买泡泡袖。

2. 裤子

误区： 露脚踝的小脚紧身裤、紧身喇叭裤。

正确： 短裤就找准一个思路——上窄下宽A形裤、五分短裤、阔腿裤（要找有弹性的面料，尽量避开硬牛仔），腰部到大腿根部的地方有褶皱，能更好地修饰腿形。

3. 半身裙

误区：包臀裙、超短裙。

正确：短裙也是找准一个思路——上窄下宽 A 形裙。

长裙选不规则的、开衩的、有层次的，不要一片直直地下来。

4. 鞋子

误区：鞋子也有讲究，梨形身材的姐妹尽量避免鞋底薄、鞋头窄的鞋子（鞋头窄的鞋子从视觉上就会显得腿粗）。

正确：厚底鞋，鞋头宽大的，能够拉长修饰腿形。

5.T 恤

误区：廓形宽大，过厚过长，普通的；耷拉下来。

正确：优先选短款 T 恤，有小开衩的就更好了，视觉上进一步瘦腰。

如果是普通长款 T 恤那就要选面料轻薄的，不能太硬，一是不好搭配，二是把人绷得很死板，尽量扎进裤子里或者卷起来。

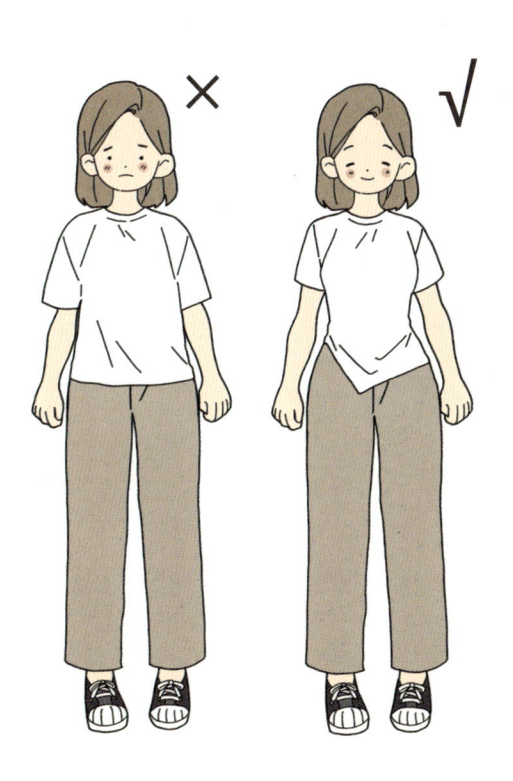

6. 连衣裙

误区：超短直筒紧身连衣裙。

正确：尽量选有开衩的，或者左右不规则不对称的，都是一个原理，分散腿部的视觉重心，不显胖，面料选有褶皱的（可以很好地遮肉，不显肉），而不是光滑一体的。

你不普通

张凯毅 著

台海出版社

图书在版编目（CIP）数据

你不普通 / 张凯毅著. -- 北京：台海出版社，2022.9
　　ISBN 978-7-5168-3363-6

Ⅰ.①你… Ⅱ.①张… Ⅲ.①女性－成功心理－通俗读物 Ⅳ.① B848.4-49

中国版本图书馆 CIP 数据核字 (2022) 第 142277 号

你不普通

著　　者：张凯毅	
出 版 人：蔡　旭	责任编辑：俞滟荣

出版发行：台海出版社	
地　　址：北京市东城区景山东街20号	邮政编码：100009
电　　话：010-64041652（发行，邮购）	
传　　真：010-84045799（总编室）	
网　　址：www.taimeng.org.cn/thcbs/default.htm	
E-mail：thcbs@126.com	

经　　销：全国各地新华书店	
印　　刷：天津丰富彩艺印刷有限公司	

本书如有破损、缺页、装订错误，请与本社联系调换

开　　本：880毫米 × 1230	1/32	
字　　数：156千字		印　　张：7.625
版　　次：2022年9月第1版		印　　次：2022年9月第1次印刷
书　　号：ISBN 978-7-5168-3363-6		

定　　价：68.00元

版权所有　　翻印必究

自序

我是一个来自普通家庭的普通女孩，有着看起来最平平无奇的人生剧本，按部就班地读完了大学，没有所谓的背景，也不曾有过贵人的提携。这一路波波折折，摔过跟头也跌到过谷底，之所以写下这本书，是想把自己近 5 年来总结的所有经验和思考方法分享给大家。我敢肯定地说，这本书绝对是超级"干货"大全，里面几乎涵盖了生活中我们会遇到的很多困境，也包含了我最大的真诚，关于生活、爱情、工作、赚钱、幸福感，我就是靠着这本书里的方法一路解决问题走到了现在。今天，我把它们都分享给你。相信这本书一定会给你带来不一样的感觉。

为什么是5年？因为这是我生命中变化最大也是我成长最快的5年。大学刚毕业的时候，面对生活、爱情、梦想、工作，我有太多的迷茫和不知所措，找不到自己的定位，不知道未来究竟会在哪里。真真切切地感受到了来自社会的打击，也开始明白梦想的实现需要成本和条件；面临过工作和爱情的抉择，也在分手后遗憾地觉得人生无望；经历过背叛，也面临过一无所有从头再来，无数次的自我拉扯和怀疑，无数个崩溃大哭的夜晚……是的，那些你成长路上的困难和挫折，我也都经历过。谁的成长不迷茫，我们都一样。

但是，即便不是一生下来就被选中的幸运儿，我们依然可以用自己的努力去改写属于自己的剧本。这本书讲的就是一个普通女孩如何通过自己的思考和行动找到自信并逆袭重写人生的故事。里面总结出来的所有"干货"，不只是想帮你打气，告诉你一切都会好起来，而是真真切切地分享给你一套可以马上实践并且行之有效的方法。它就像一套公式,可以帮你在前行的路上少走几段弯路,实现属于自己的弯道超车。这个故事的主角可以是我,也可以是正在努力不放弃的你。

你真的不普通。一定不会普通。

我们开始吧!

1 制定属于自己的剧本

有个目标 —003
■ 随时做好计划 —007
万物皆可复盘 —013
■ 擅长和喜欢，我都选过 —017
梦想有一万种实现方式 —024
■ 保持终身学习 —030
别让外界的评价绑架了你 —035
■ 努力是普通人唯一的底牌 —039

2 那些亲密关系教会我们的事

失恋这件小事 —047
■ 及时止损 —053
恋爱前要做的三件事 —056
■ 恋爱中的磨合 —060
真诚最重要 —064
■ 你会选择和什么样的人成为朋友 —069
负能量，不可怕 —073
■ 永远不要忘记边界感 —078

you deserve a better life

花钱、攒钱的那些事儿

真想要还是虚荣心作怪　　　-085
什么是贵，什么是便宜　　　-089
别被场景和功能迷惑　　　　-094
那些我踩过的坑，你别踩　　-099
贵一点，值一点　　　　　　-105
攒钱的逻辑　　　　　　　　-109
聊聊理财　　　　　　　　　-116
人生需要断舍离　　　　　　-121

把自己变成答案

没人比你更懂自己　　　　　　-129
不要成为"讨好型人格"　　　-134
还是要拒绝　　　　　　　　　-139
越"躺平"，越焦虑　　　　　-143
独处，不孤独　　　　　　　　-148
谁还没个低谷期　　　　　　　-153
不做不擅长的事，也不做太擅长的事 -157
你才是自己的安全感　　　　　-161

you deserve a better life

谁说快乐不重要

快乐是有层次的	_167
▌ 仪式感很重要	_171
无所不能的手账	_175
▌ 成年人也要看漫画	_181
娃娃，不只是娃娃	_185
▌ 给手机做件新衣服	_190

有关变美
你一定要知道的
50 件小事

5
6

you deserve a better life

1

制定属于自己的剧本

有个目标

之前看过一个故事,爸爸带着三个儿子去草原打野兔。开始打猎之前,爸爸问:"你们看到了什么?"大儿子说:"我看到了一望无际的草原。"爸爸摇摇头。二儿子说:"我看到了你们、猎枪和野兔。"爸爸又摇了摇头。最后三儿子说:"我只看到了野兔。"直到这时,爸爸的脸上才露出了欣慰的笑容。仔细想想生活中的我们是不是也经常这样,被很多信息干扰,总会犹豫不决、前思后量。所以,为了做事的效率可以更高,一定要有个目标。

目标是我们对一件事情的预期,也能为接下来的行动指明方向。一个目标清晰的人,连看世界的方式都和其他人不太一样,他们更聚焦,心无旁骛,即使过程中遇到了问题也不会轻易动摇。

我本人是真真正正尝到了目标带来的红利,所以一直以来都特别喜欢设目标,从小到大,从短期到长期,各种各样。每次只要找准方向，剩下的一步一步往前走就好。如果你不太懂具体该如何设定目标，也不知道标准是什么，更不知道设定后该如何执行，那就开始听我接下来分享的干货吧！真的很有用！

首先要清楚，目标的存在是为了激励自己。既不能过低也不能过高。太低就失去了挑战性，无法生出完成的动力；太高则会脱离现实，让人可望而不可即。

如果一个月薪 8000 元但目前没有任何积蓄的上班族，把年底的存款目标设定成 5000 元，那么他只要不乱花钱，每个月存不到 500 元就能轻易实现，但是如果他把目标设定成"一年先赚个 100 万"，就远远超出了现实。所以，我们设定的目标从来不需要以别人来作为参照物，而是要根据自己的实际情况来定。换句话说目标就好比摘果子，最好选比我们随手可取的位置再高一点点的那一个，努努力、踮踮脚就可以够到！

说到什么才是一个好的目标，衡量的价值体系同样因人而异。但不可忽略的就是健康因素。我们所有的一切都建立在健康的基础上，但有些目标真的会忽略这一点。比如，为了和心仪的对象见面或参加一次重要的活动需要一周马上瘦 5 公斤，所以只能辛苦地在家里挨饿节食。或者突然喜欢某个物品，需要在很短的时间内凑够钱，为此省吃俭用，身心俱疲。其实这种以"急"为关键因素的目标是非常错误的。即使最终达成，但身心受到了伤害，仍然得不偿失，完成目标的喜悦感也会大打折扣。一旦没有达成，加上为此付出了这么多努力，由此产生的挫败感更会无限放大，甚至可能会让你对生活失去信心。所以，真正理解了如何设定目标，也就是做计划的开始，生活中大部分的目标都可以利用计划来轻松完成。

但也一定会有一些共性的特点，这是我们可以学习和掌握的。"SMART"原则中关于员工的绩效目标有过一个设定，或许在一定程度上可以给我们提供一些参考。标准有 5 条：

1. **具体**。目标要清楚、明白、不含糊。

2. **可以衡量**。包括关于任务是否完成、完成程度的一整套考量标准。

3. **有行动导向**。把最大的目标逐层细化，直到可以落地执行。

4. **现实**。在考虑到困难程度后，它仍然是可以实现的。

5. **有时间限制**。规定完成的时间节点。

这一套方法在我自己的目标设定和执行过程中，都提供了非常大的帮助。尤其是当我遇到相对复杂或者难度系数较大的目标时，如何把它拆解成一个个短期的小目标，并逐层攻破，我的方法是一定要写清楚任务、期限和考评结果。举个例子，有段时间我非常想读一本书，但是这本书的内容其实很晦涩，需要反复地琢磨和思考，不属于轻松阅读的类型，这时候单纯靠自觉或者意志力是没办法支撑的，于是我以星期为单位制定了一个小目标，要求自己一周内必须有 4 天要完成阅读打卡，每天阅读 30 页，每次读完要写 200 字的笔记。如果能顺利完成考评任务，我将会给自己一个小小的奖励，鼓励自己！等完成了这个小目标，再扩展成中目标、大目标，一点点提升任务难度。当一个人确认自己具备可能性，感觉到一切尽在掌握之中，自然也会更积极主动地接受新挑战！

目标，就像那张靶纸，只有目的地清晰，子弹才能准确聚焦方向。当你拥有了短期目标，也就意味着拥有了可以努力的方向，当下不必慌张；当你拥有了长远目标，便不会被一时的失意打倒，因为你知道，这是一场马拉松。只要你坚持不懈，就永远有翻盘的可能。

随时做好计划

"你做 MBTI 人格测试了吗？"最近这句话几乎变成了所有社交场合的固定开场白。如果你问我，我的测试结果是建筑师。想象力丰富却果断，雄心壮志也注重隐私，充满好奇心同时从不浪费精力，但最鲜明的一个特点是喜欢做计划，非常喜欢做计划。光凭这一点就好像探测到了我的灵魂烙印，精准、贴切。

没错，我喜欢用计划解决自己人生中大大小小的各种问题。找一个什么样的男朋友？完成一份什么样的年度目标？如何执行断舍离？如何制定旅游攻略？甚至连去逛街都要计划好顺序，先去哪里再去哪里。对我来说，做计划不是技术问题，而是态度问题。一旦我决定了做一件事，就一定会列好统筹计划和步骤分解。毕竟，大家的目标一定是奔着高效和完美去的，只不过在执行过程中常常会遇到意想不到的突发情况，提前做计划就是在为这些突发情况准备应对措施。

"凡事预则立，不预则废"，古人说得太有道理了。一个善于做计划的人会本能地给人一种做事靠谱、处事周全的感觉，接触时间久了，身边人对你的评价也会变得非常正向，认为你有行动力、执行力，做事效率特别高，自然也会更放心把事情交给你。而不懂得做计划的人，看起来并没有偷懒反而更忙，更累，但忙了半天并没有结果，是因为他们一直在做一些不重要甚至重复的事。即使后期投入了更多的时间和精力依然没有办法弥补，因为虚假的勤奋永远掩盖不了思考上的懒惰。

对于刚开始做计划的人，我的建议是：不要把计划内容写得很宽泛，一定要简单又具体，最好执行起来属于入门级别，写好步骤，再一步一步往下进行就可以了。等慢慢养成了做计划的习惯，就可以逐步进阶自己的水平。

做计划真的是我的人生中非常重要的一项工作，它不仅可以缓解焦虑情绪，还能极大地避免事情的失控。刚刚凭借自媒体被很多人认识的时候，我非常焦虑，整晚整晚地睡不着。我担心如果有一天不做这行了，自己是不是可以顺利到其他公司入职。毕竟我现在从事的工作在内容上和常规行业有很多的不同，积攒下来的经验未必可以复制和迁移。如果真的重新变成了没有任何经验的新人，我到底还能不能在社会上生存？

之后的某一天晚上我躺在床上，给自己做了一个假设，还为这个假设做了一个详细的操作计划！假设有一天真的不做互联网了，我是不是可以去当一个保洁员？毕竟也不需要什么技术和履历，只要勤奋和努力就可以，那我认为自己完全可以！好，如果将来有那么一天，我的下下策就是去当一名保洁员！继续：如果可以，我一定要去一家大公司，这样才能有更好的发展。我敢肯定同样是当保洁员，有的保洁员只想做好保洁，但有的保洁员是奔着当总经理去的，两者的目标不一样，制订的计划自然也不一样，到了执行层面更是天差地别。于是我就在心里一步步往下推导。假如我已经通过了面试，进到一家世界五百强的公司做保洁人员。一开始我就要算清楚自己负责区域的大概面积，最快需要多久才能完成？要按照什么样的顺序？是先打扫卫生间还是先擦电梯？我发现这里面值得琢磨的地方实在太多了，比如老板经常乘坐或一定会经过的电梯，我应该优先安排，而且要擦得最干净，这样至少能给对方留下一个做事认真的好印象。

作为一个有追求的保洁员，我要怎么做才能变成一个普通文员呢？答案是我要掌握普通文员需要掌握的技能，至少得会用 Excel 做各种表格、熟练操作打印机，那么我就不能把所有的时间都花在打扫卫生上，还要抽出一部分精力研究和学习。当我把计划全都整理好，然后严格按照执行，持续地提升自己，不断掌握新的技能，或许真的可以从一个平平无奇的保洁员逆袭成文员、主管甚至总经理！那么即便没有了现在的工作，其实我也不用太过担心，因为我已经知道了自己下一步能做什么，该做什么！

当然这只是一个迷茫且焦虑的时刻讲给自己的"励志小故事"，

人之所以会担心、会焦虑，无非是因为对未知的恐惧，而随时保持积极向上的状态，随时做好计划和准备的人，一定能够对未来运筹帷幄。

但不得不承认自从那次在心里模拟完"保洁逆袭计划",我再也没有失眠过。人之所以会担心、会焦虑,无非是因为对未知的恐惧,而一个随时保持着积极向上的状态,随时都能做好计划和准备的人,是不会慌的。现在的我已经完全不再担心"过气"的问题了,因为我知道自己每天都在努力地学习所处行业的知识,每天都在按照计划认真地生活和工作,对得起当下度过的每一天。

和能够缓解焦虑情绪相比,借助做计划来降低生活中的失控,对我来说有更大的意义。因为直到今天我依然很害怕失控,发生突发情况也依然会慌,但是随着制订计划的习惯越来越熟练,我已经慢慢懂得了该如何更好地应对。毕竟,生活中的突发情况实在太多了,只有提前做好计划才可以降低紧张,减少失控,并保证事情高效地得到推进。

当有突发情况发生的时候,想骂人或者想抱怨都是人的本能,但是不要忘记最先要做的应该是正视问题,既然事情已经发生,问题已经出现,立刻发泄负面情绪,对改善局面于事无补。我的经验是一定要提前多准备几套方案,把方案 A 作为首选,剩下的方案 B 和方案 C 当成紧急预案,这样即便第一选项出现了问题,也不至于完全没有补救方法。

除了突发情况的影响,另一种失控往往来自极端情绪爆发后做出的错误决策,最终导致情况越来越糟糕。不懂得做计划之前,我就是那个情绪特别容易失控的人,但有了目标步骤和应急预案,我发现人也会不自觉地多一些临危不乱的底气。这其实很能提升一个人的个人形象，让人感觉他更有修养和能力，哪怕遇到了非常棘手的问题，也可以迅速地冷静下来直面困难，带着大家走出突发情况的旋涡。

所以，做计划解决的不仅仅是失控本身，还有我们情绪上的慌乱。让我们能保持理智，免于内耗。

当然我们必须承认：现实中永远是计划赶不上变化，没有人可以做到万全的准备，但至少它可以给我们提供一个相对的缓冲区，让我们有更充裕的时间来反应和应对。

做计划不能解决我们人生中的所有问题，但可以解决大多数问题。

万物皆可复盘

严格来说,"复盘"是围棋术语,讲的是对弈结束,双方棋手把之前的棋局重新再摆一遍。这样做的目的是既加深了对这盘棋的印象,也分析了对方的章法、漏洞,同时还可以回顾自己的心路历程。所以往往棋手训练的时候,最多的时间不是用来和别人厮杀,而是复盘。

为什么要复盘?因为同一件事情,完整经历了一遍回头再看的时候,我们的角度已经不一样了。通过对之前行为的反思,对发现和遇到的问题进行分析,找到失败的原因和成功的关键。不过到了这里,"复盘"还没有结束,因为最终我们的目的一定是如何对当下和未来产生影响:掉过的坑不会再进,做出成绩的地方争取下次可以做得更好。这才是复盘最大的意义。

当然,如果你认为复盘仅仅是一种好用的工作方法,就太小看它了。实际上,恋爱、社交、生活计划的方方面面,都需要复盘!

我之所以会有这个发现，是因为我的工作和生活已经相互交织到完全没办法分开了，于是盘着盘着，思路就越发清晰了起来！

复盘的目的不是为了追责，而是为了让事情更好地落地

结果重要吗？当然重要，但不是最重要的。找到为什么是现在这个结果的原因，才是不断提升和进步的关键。

我常用的复盘方法主要分五步：第一步，想一想自己最初设定的目标，把现在的结果和之前的目标列在一起，看是否达到了预期？如果答案是否定的，那么究竟有多大的差距？第二步，回顾过程。从头到尾回忆和梳理自己的思路都出现过哪些问题，当时是如何解决的？花了多长时间？用了几种方法？哪种方法效果最好？第三步，分析原因，追踪影响结果的关键因素。究竟是在哪一个环节出现了问题？是客观的不可抗力还是主观的人为原因？第四步，推演规律。总结和提炼这次工作中运用过的有效方法，做好记录。第五步，形成文档。把复盘结果书面化，方便以后反复查阅和使用。

这就是我平时最常用的一套复盘流程，无论是自己使用，还是和团队一起，都在最大程度上帮我及时发现了问题，避免以后再犯同样的错误！比如之前策划的一场活动，当时整个团队忙得脚不沾地，感觉已经做好了充足的准备，但等到真正开始的时候还是出现了一些细节性的之前没有预想过的状况。结束后，马上开了复盘会，所有人按照步骤，回顾出现的问题和当时应对的方法，对照数据，客观地做分析和拆解。比如，每个人都应该有自己的角色分工和对应职责，当一个问题出现的时候，需要对应负责的人员来进行处理，这时候有另外的辅助人员来配合是必要的和有效的，绝不能一发现问题所有人都扑上来，这样不仅会影响其他环节的工作，也会打乱节奏。

而这些，就是通过问题的出现和复盘来逐步总结出来的经验。同时一定要注意：复盘和简单的总结是不同的。大部分时候，总结是以结果为导向，简单地分析一下过程，得出一个结论，然后整个动作就结束了。我真的见过太多"总结狂"了。事事都总结，但次次都是无用功，每次总结完了，同样的问题下一次还会再犯，这样的总结是没有意义的。

复盘帮我们找到社交的标准和边界

分享一个小秘密：生活中的很多事情都可以用复盘思维来解决！举个小例子，情侣之间总是吵架，带来的不仅仅是情感上的消耗还有情绪价值上的摩擦，这个时候除了果断分手或者分析大道理，复盘一下两个人吵架的原因往往可以提供一个打开局面的新思路。把模糊成一团的争吵做一个细分，找到掩藏在情绪爆发背后真正的气愤、难过或失望，反而可以帮我们，对彼此的需求有更深的了解。毕竟再好的感情也经不起天天吵啊，我们还是要把更多时间用在相亲相爱上！

除此之外，我还特别喜欢在社交的过程中进行复盘。每当认识了新朋友，我都会在手账上复盘和对方相处的感受，主要从思维方式、为人处世、个人魅力等方面进行评估，这样慢慢地自然就形成了只属于我自己的一份对于交朋友的清晰标准。

毕竟我们每个人的时间、精力都是宝贵的，交朋友又是一件非常幸福但主观的事情，完全没必要勉强。与其在无效社交上不断消耗，还不如把更多的时间留给自己，看看书、听听歌，做些让自己真正开心的事！

说到开心的事，每隔一段时间，我都会做一个小盘点，究竟生活中的哪些事可以给我带来真正的快乐。方法很简单，拿出我的小本子，把自己日常会做的娱乐项目一一列出来，然后逐个打分。打分的过程就是回忆和思考的过程，最终的分数就是一个直观的答案！

很多人向我推荐过滑雪。说滑雪的时候，那种冲破限制的自由和速度会让人非常着迷。但我是一个很怕冷的人，总感觉这项运动不适合自己。推荐的人多了又忍不住想要去尝试一下。后来我真的去滑了一次，果然不喜欢！所以在下一次我的"快乐小复盘"打分环节，就给滑雪打了一个最低分！如果没有静下心的复盘，很可能之后别人再百般推荐，我还是会犹豫，甚至可能还会说服自己产生"要不再试试"这种想法。但有了这样的盘点，我就会对自己的喜欢有非常肯定的答案和态度，不会被轻易说服！也更尊重自己的想法。

说到底，与其认为**复盘是一种工作方法，不如说它是一种思维方式**。拥有复盘思维的人，不会纠结于眼前的得失，不会沉迷于一时的情绪，会把更多的关注点放在自己的成长本身，会想办法从过往的经历中积累经验，总结教训，最终让自己少走弯路！

擅长和喜欢，我都选过

越长大越明白，一个人要有多幸运才可以找到自己喜欢的事情，更不要说这份喜欢中还夹杂了天赋和擅长的基因，双剑合璧，成了自己一生从事的工作和职业。

回到我们这些"普通的大多数"的现实生活，每当面对这个选择题的时候，都会不由自主地纠结、试探，总想在二选一中找到一个最佳答案。对此，我个人的体验报告是：喜欢和擅长没有高低之分，先尝试再判断！做喜欢的事，快乐加倍！做擅长的事，事半功倍！

很多时候，不去尝试永远都不会知道自己是真喜欢还是一时兴起，是真的拥有天赋还是仅仅是一种错觉。很多人都是试过之后才知道，哪些事情自己可以做，哪些事情永远做不了，而这种从现实和结果中得出的判断，最大的价值就是选定之后，可以不遗憾、不后悔。

说回我自己的成长故事，一句话概括：我先选了喜欢的事，后来做了更擅长的事，而且把擅长的事变成了爱好。直到现在。

喜欢没有错

从小我就喜欢唱歌，长大以后特别想成为一名歌手。那时候的我刚刚上初中，由于学习成绩实在让人担心，以至于我妈总觉得未来我很有可能会考不上大学，甚至当时都盘算好了，万一真的没考上，家里就凑凑钱给我买辆车当司机出去拉货。后来她听单位好友讲，如果会一些乐器、舞蹈、表演，没准儿能通过艺考这条路考上一所很不错的大学，这简直太有吸引力了！虽然当时家里条件真的很一般，可我妈还是把自己攒了几年的单位发的奖金都拿了出来，给我买了一台墨绿色的珠江牌钢琴。

收到钢琴的那天我并没有很高兴，可能是因为当时太小没见过太多世面什么都不懂，但特别巧的是有一天看电视的时候，偶然看到了不知道来自哪一个角落的"热心市民"通过"点播台"节目点播的一首周杰伦钢琴弹唱的《七里香》。当时真的给我带来了非常大的震撼，原来钢琴可以让一首歌变得这么有氛围，又高雅又有力量。毫不夸张地说，当时我都看傻了，二话不说开始学钢琴！

但我是喜欢唱歌的，钢琴只是我喜欢歌曲的一个辅助工具。我

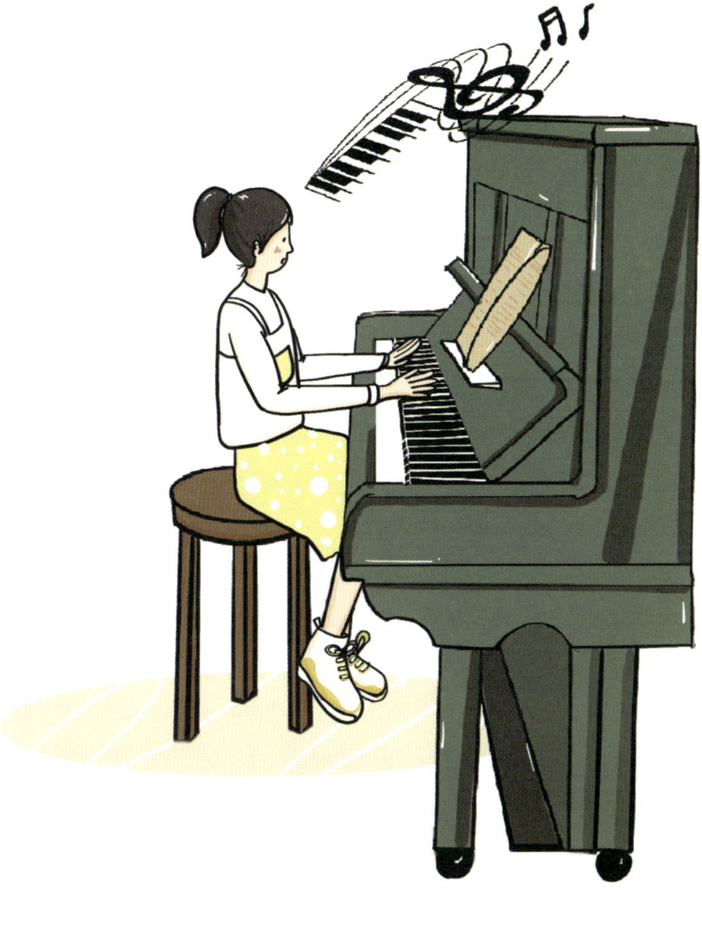

对古典钢琴曲和复杂又神秘的各种音调根本不感兴趣，我只喜欢流行音乐，就想以后唱歌，当歌手，当"张杰伦"！但在我妈看来，歌手吃的是青春饭，青春没了事业也就没了，很大程度上事实也确实如此。毕竟这个世界上并不是所有人都是周董，出道时间早，专辑作品强，活跃时间长，把青春饭硬生生地吃成了铁饭碗！于是在六年之后的高考志愿填报时，我妈帮我选择的专业是"作曲系"，因为她觉得在某种程度上作曲需要掌握的技能更多，在学校里学到的门类也更多。除了钢琴、和声、乐理这些基础知识以外，对大部分的乐器也要有所了解，所以我妈当时的思路是，只要我学了作曲，毕业后如果顺利，最好能当一名音乐教师，有假期，有稳定收入，还受人尊敬。

学了几年作曲，眼看着马上就快毕业了，我还是忘不了自己的歌手梦。于是开始暗自下决心出去闯闯，我认为自己还很年轻，学到肚子里的技能又不会突然消失，不如勇敢地拼一下，如果实在不行再转回老本行嘛！不急着把它们转变成一份稳定的工作。毕竟，年轻是不可逆的资本，趁着有热情，有动力，做一些自己喜欢的事情，哪怕失败了，也有重新开始的可能。

不过，即便选择了喜欢的事，我还是给自己设定了一个时间期限：五年。时间一到，无论什么结果都要接受，要是混得不行的话，抓紧止损踏踏实实回去上班去！ 后来的我单枪匹马来到了北京，折腾了一大圈后很快就认清了现实：梦想在一定程度上是需要用金钱来支撑的，可惜我没有。人脉，没有；伯乐，没有；运气，也没有。

最后我得出了一个扎心却不得不接受的结论：我不适合做歌手。这时候距离我给自己设定的"折腾时间"还不到十分之一。

做擅长的事不意味着只有妥协

没有过多的痛苦和纠结，我果断放弃了歌手梦，拐了一个弯开始做短视频。虽然不可否认转行有"生活所迫"的原因，却意料之外地为我打开了一扇新世界的大门，也让我明白：<mark>只有学着接受和理解，才能躲开生活中更多的纠结与不开心。专注于当下，创造一些实际的价值，远比怨天尤人要重要得多！</mark>

很多时候我们以为喜欢的对面站着的一定是讨厌，当自己不能做最心仪的那件事，其他的一切就都变成了将就，不是这样的。生活，原本就不是只凭借一条标准来决定结果的，任何人的一辈子都不可能事事顺心，总会充满各种未知和不如意，一味纠结于自己的得不到和已失去，只会让自己失去发现更多惊喜的机会。

之所以认定短视频是自己擅长的领域，不是因为我懂摄影，会剪辑，这些技能都是可以不断学习并掌握的，而是我通过对自己的总结和反思发现了自己更有价值的核心能力：创作内容。

做擅长的事就是充分发挥好自己的个人优势，并在实践中不断优化技能，拉大与他人之间的差距。简单想想，找到自己的长处，再努努力，做起事来自然会更得心应手。

更重要的是行动

好啦，纠结完喜欢还是擅长，接下来就开始真正的重头戏了！因为无论选了哪一个，要想做出一番成绩最后的落脚都是行动！

或许，我们的喜欢里有长久不息的热情，擅长里也有快人一步的资本，但这些都只是一定程度上的优势，并不代表最终结果。我们想做成一件事，最关键的一步还是开始！单纯地想没有成本，动起来才能走向终点。太多人大多时候都只停留在了口头的喜欢和口头的想做上，不可否认我以前也常常这样，心里想了，行动上"完全没想"。后来为了督促自己，还总结出了一些特别有用的小妙招，在这里和大家一起分享，或许对你也有帮助。

一、**手账打卡**。我特别喜欢做手账，后面也会详细和大家分享具体做手账的方法。写手账真实有效地帮我改变了习惯，把很多原本容易拖延的事第一时间做好计划按时完成，像护肤、洗澡、读书、录视频等，我都会用不同的打卡表来做记录，完成一项就盖一个章。有时候为了让打卡页看起来满满的更有成就感，我甚至还会主动提前完成计划！

二、**将行动想法拆解并写下来**。有的时候拖延并不是不想做，更多的是不知道第一步该如何去做，在纠结的过程中又很容易被外界干扰，比如闺密发来的消息、楼下情侣的争吵、电视里的新闻八卦等，最终一拖再拖。所以这个时候一定要把你想做的事写下来，放下手机，关掉电视，就静静地思考第一步应该怎么做，需要花费多长时间，其间如果遇到状况应该怎么解决，写得越详细越好。相信我，如果你这么做了，那么我保证你还没有写完，应该就有开始行动的欲望了。毕竟你已经在思考的过程中把这个最难的步骤完成了，剩下的大步流星干就行了！

三、告诉在乎的朋友或者心仪的对象。 当我们决定做某件事时，可以先把事情和计划告诉一个对自己来说特别重要的人，尤其是那种你非常希望给对方留下好印象，不想被对方误解或者瞧不起的人。这样一来，即使想要放弃也会让自己有更多的理由坚持，同时会给自己带来更大的决心和动力。

这种"先夸下海口"的方式也适用于朋友圈、微博等公开类的社交平台，让更多人成为你的监督者，用外界的力量来"逼"着你行动。

要相信，无论什么时候，行动永远是最有力量的！它可以帮我们把喜欢做到极致，把擅长变成不能替代，也让一切的不可能成为可能，让我们在走了很远的路之后可以转身回头，很骄傲地说，这条路，我没有走错！

梦想有一万种实现方式

很喜欢一句话:"要有梦想,越具体越好,未来你总会找到方式接近它。"说得太对了。这个世界是如此现实,但又如此真诚,它永远敞开着大门,欢迎你来。

曾经我的梦想是成为一名歌手,现在则是成为一个玩具收藏家,看起来都算不上伟大,但每一个都贴着只属于我自己的热爱标签。也正是这些具体又普通的小目标,让我每一个阶段的生活都充满了干劲儿!

实现梦想的路径从来不是固定且唯一的,但最重要的是要一直奔跑!

虽然做歌手这条路没能坚持到最后,但无论到什么时候,我都可以问心无愧地说,我曾为了它真心实意地努力过!

我从没有接受过专业的唱歌训练,即使读了作曲系,学的也不是唱歌技巧，所以在成为歌手需要的准备上，我是一个彻彻底底的新人。读大学时，《中国好声音》这一类音乐综艺节目势头正盛，因为我们学校曾经也出过一些高人气的选手，节目组时常会直接来音乐系挖掘新人，专门教流行音乐的老师也会有推荐的名额，因此很多想参加海选的同学都会直接和老师联系。但由于我学的是作曲系，没有任何的资源，我就是喜欢唱歌，想站在舞台上唱给大家听。

于是我找到自己的专业课老师吕老师，请他帮忙联系学校里的相关负责老师，想学习一些专业的唱歌技巧。刚开始那个老师在电话里说："你周四过来吧。"我高兴极了，心里盘算着一定好好珍惜这个机会，但是等见了面才发现老师的态度很冷淡，很直接地告诉我，其实她是不收像我这个年纪的学生的，因为可塑性太低了，嗓子也基本成型了，没有太多唱出一些名堂来的可能，今天让我过来只是给吕老师一个面子。

说实话，被拒绝真的让我备受打击，但我也完全明白老师说得没错，要想成为专业歌手必须从小就接受系统性的训练。但我并不甘心就此和梦想失之交臂，接下来的几天，我每天都会到办公室找老师表达自己想请教学习的想法，直到三天之后老师终于意识到我不是心血来潮，是真的喜欢唱歌。终于，她点头答应了。

那时候每天我都在担心老师不想再教我，无比珍惜每一次上课的机会，老师教的方法和指出的问题都第一时间学习和改正，老师也很惊喜，觉得我的悟性很高。但是我跟着老师还没上几堂课，《中国好声音》的导演就来学校里海选了。现场表演的时候，我被分配

有时候，能够承担起更现实的责任，比追逐遥不可及的梦想更需要勇气！

到的是一首节奏很平缓的慢歌，需要非常多的演唱技巧和情感表达，这对于还没有入门的我来说很难驾驭，刚唱完的那一刻我就知道，自己落选了。

后来为了能得到更专业的指导，我拿出了大学时靠兼职攒下的所有钱，在北京找到了一位更专业的老师。这个老师的名气很大，能力很强，但学费也很高，那时候我只是一个没有固定收入的大学生，根本没有那么多钱支撑自己的梦想。一开始为了省下在北京租房的钱，我每次上完课都是坐动车返回沈阳，等到下一周快上课了再过来。来回折腾了三四次，我发现总是融入不了其他人的学习氛围，于是又下定决心在北京租了一个房子，而且就租在和老师上课的同一个小区的同一栋楼。一边跟着老师学唱歌，一边兼职赚取房租。

很多朋友知道了我当时的情况，都劝我不要这么辛苦拼命折腾了，毕竟凭借大学文凭和专业知识，完全可以回老家考公务员或者找到一份安稳的工作。但我丝毫不觉得苦、不觉得累，每天都过得特别有奔头、有希望。

只不过有时候，现实会用最残酷也最冷静的方式告诉我们，想做成一件事需要的因素有很多，不是只有努力就足够的。我总共上了七八节课，刚刚进入学音乐的环境，还没有正式踏入门槛的时候，猛然被现实提示了一个真相：原来我真的不适合走这条路。因为想做一名优秀的歌手，需要的不仅仅是一个好嗓子，还有资源、人脉和被看到的机会。但我除了努力，什么都没有！

意识到了这一点，我非常果断地选择和这份梦想说了再见，不是想得开，是没有给自己空想的机会。从小我就懂一个道理：人贵有自知之明，要能意识到自己在某些事情上的不足，并学着承认和接受。没有结果的坚持，只是浪费时间和生命！

或许你会说在这件事情上我有点儿过于理性，但假如再有一次重来的机会，我还是会做和今天一样的选择，选择一条让家人过得更富足、更安心的路。因为我的想法很简单，就是想让我妈过得更舒服一些。小时候是她辛苦养育了我，长大后该是我通过自己的努力回报她。有时候，能够承担起更现实的责任，比追逐遥不可及的梦想更需要勇气！

而且，当时的情况很现实，如果我继续执拗地跟着老师学音乐，很可能交完学费就没有钱付房租了。所以我转行了，开始做短视频。如果按照大众认知中的标准去判断我是否实现了梦想，或许很多人的答案都是没有，虽然我为梦想付出过诸多努力，但是我中间选择了放弃。可是我知道，现在的自己已经达到了预期，我最初的梦想就是唱歌，想让更多人听到我的歌声，这个诉求通过短视频的渠道也可以实现，殊途同归。

我觉得大家不要把梦想的标准定得太高，这样会让自己好受一些，否则没有实现的时候，一定会感觉特别压抑和沮丧。其实，梦想有一万种实现方式，最开始的那一步就是要调整心态，不要把它当成多么独特的存在，好像一生都该为它而奔波。

现在的我依然没有放弃唱歌的梦想，偶尔也会录制一些唱歌的视频发到网上。即便唱得不专业，可我就是很喜欢。喜欢唱歌，也喜欢唱着歌的自己，或许这就是以另一种方式在实现我的梦想，甚至当下的这个结果比我最开始期待的还要更好一点。

你可以有梦想，也可以有追求，但是别把它当成人生的负累，享受过程，接受结果，只要你愿意为了它而努力，那么梦想也会以不同的形式予以你回报，或是成长，或是成绩。因为它从来不会辜负任何一个努力奔跑的人。

保持终身学习

如果一个人总是在工作或生活中踩坑,排除运气等概率性的因素,究其根本原因还是他自身能力的不足和相关经验的欠缺。想要避开生活中的雷,更好地提高自己处理和解决问题的能力,提升自己的前瞻性和预判性,变得越来越强大,我们需要长期的训练和持续不断地学习。

但是学习从来无法一蹴而就,养成学习的习惯更不是一朝一夕的事情。我现在之所以能够保持终身学习的心态,和之前遇到的各种问题和挫折密不可分。

我最先发现自己的一个问题是口音,很多人都说我的口音一会儿东北大碴子味,一会儿内蒙古草原味,就是讲不好普通话,别人和我在一起特别容易被带偏,连带着我的英语口语也变得很不标准。普通话再不标准本质上也不会影响大家的沟通交流,可是英语口语不行真的就容易闹笑话。当我意识到这个问题的严重性，立刻找了中国政法大学的英语老师，跟着她从最基础的音标开始重新纠正发音。这是离开校园走入社会之后，我主动为学习迈出的第一步，很重要的一步！

后来我发现自己在体态方面也有一些小问题，走路的时候很容易弯腰驼背，就专门请了老师学习体态的调整，虽然最终没能严格坚持，但是通过对相关知识的系统学习和了解，让我知道跷二郎腿的危害实在太大了，很有可能造成脊柱的侧弯。所以，我也会有意识地提醒自己，不要跷二郎腿，尽量在日常生活中保持正确的坐姿和站姿，养成良好的体态习惯。

既然说到了体态，就不能不提一嘴减肥了。我之前在视频里和大家分享过自己的减肥经历，虽然我不是易胖体质，可是光吃不运动一定会长肉的！为了减肥我试过节食或少吃，掉秤速度确实很快，但是特别容易反弹，对身体也会造成很大的伤害。我又去找了专业的健身教练，跟着他们学习健康的减重方法，然后通过控制饮食、搭配适量的运动实现了成功减重。当其他人询问我方法的时候，也能和他说清楚这种健康的减重理念，让对方走出减肥误区。这些新认知和新收获，让我在成功帮助了他人之后有了格外不同的成就感！

校园阶段的学习更多是为了取得好的成绩，得到父母的认可，但是进入社会之后的学习则完全不同，我们可以根据自己的不足或者特长有更多的自主选择权，更聚焦也更容易接近结果。

再后来我在创业路上遇到了一些难题，自然而然想到去学习和进修。尽管我这一路走得还算顺利，但毕竟在"当老板"这件事上还是个新生，知道自己在管理上、经验上都有很多的不足，不希望自己的天花板变成整个公司的天花板。

2021年的夏天，我做了一个决定，去清华读EMBA，我的目的非常单纯，就是去踏踏实实地学知识、学管理。那段时间我真的非常忙，见识到了更多的人和可能，时常觉得自己还有太多的不足，想要学习的东西也越来越多。

上课前我们曾经做过一个破冰游戏，老师把全班30人分成了两组，每组15人，其中一组全部戴上眼罩，另一组每个人都要选择一个看不见的队友做搭档，合作着走过一段山路，两个人全程不能用语言沟通，最先抵达终点的双人小组会得到奖励。这个游戏的关键是要对自己的同伴有百分之百的信任，但那个时候大家刚刚成为同学，都还来不及熟悉，更谈不上信任。

我被分到了戴眼罩的一组，一开始会发现突然进入一个没有安全感的环境，是很难一下子就对另外一个人充满信任的。我总会下意识地想，前面是不是有一个坑？万一有石头怎么办？怕摔跤，但比摔跤更可怕的是处在随时都有可能摔跤的恐惧里。队友不断通过拍肩膀来告诉我，前面是安全的，放心。但我还是不由自主地伸着脚往前探，走得非常慢。

后来我不断给自己做心理建设，这条山路原本就没有非常陡，石块也没有非常大，摔就摔了，反正肯定摔不死人！我必须相信队友的判断！于是，我决定一切行动听指挥，小组的速度马上提了上来。两个人彼此支撑着往前走的过程也是学会建立信任感的过程。

抵达终点摘下眼罩，通过观察每一组不同的合作方式，我发现这个破冰游戏同时是在考验一个人遇到突发情况时的处理能力。像我们平时能够用语言沟通，几句话就可以表达清楚自己的想法，但是现在大家不能说话，必须临时想办法提醒队友。这时候每个人的反应都不一样，有人选择牵着队友的手触摸实物，增强对方的安全感；有人用脚发出声音，告诉对方前面没有任何障碍可以放心；还有人像我的队友一样通过拍对方的肩膀，来提示什么时候要直走什么时候要转弯。于是你会发现，沟通原来可以有那么多种不同的呈现方式，思路一定要打开。

积极学习是一种心态，善于学习是一种能力。永远不要让年龄成为我们学习的阻碍，也永远不要因为停止学习而被时代抛弃！一定要保持终身学习的心态，在各个方面，面向不同的人学习，《论语》里强调的学习态度，从来不曾过时。学习是一辈子的事。

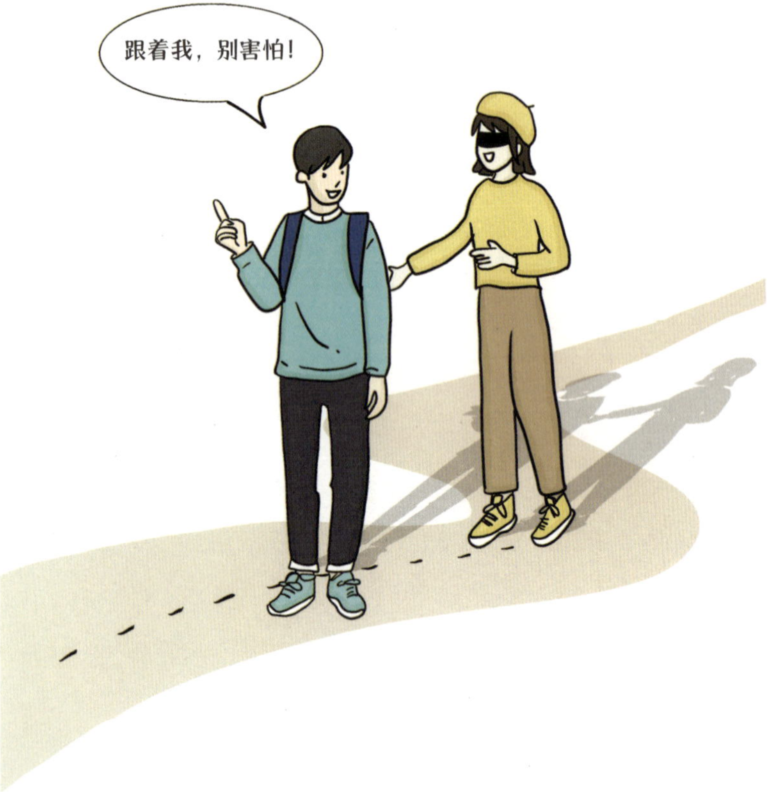
跟着我，别害怕！

别让外界的评价绑架了你

说到底，我们都是普通人，要想真正做到完全不在乎别人的看法，完全不受外界声音的影响，是不现实的。但我们也要时刻牢记，别人只是看客，自己才是人生的主角！

可以在意，但不要太在意

生活中，总有人喜欢在网络上指点江山，对别人的言行给出自己的指导意见。在我的社交媒体评论区，就有很多留言，有人鼓励、有人批评。但人真的很神奇，我们的目光总是会被那些负面的信息所干扰，哪怕总计一千条评论，其中九百九十八条都是好评，但让人最难忘的始终都是言论并不那么正向的两条。也不知从什么时候开始，网络仿佛变成了一部分人宣泄压力的场所。印象比较深刻的是身边有个男性朋友，他最大的爱好就是收藏球鞋，平时几乎所有的开销都用来购置一些珍藏版球鞋，但每次只要一通过视频进行分享，评论区里就会有人说："一看就是假货！""买这么多假鞋无聊不？""下一步是不是要开始卖鞋了？"这个朋友会很委屈地向我吐苦水，但谁又何尝没有类似的苦恼呢。

我也曾很认真地分析过自己在意的原因，发现自己并不是对于批评本身的排斥，而是不能接受别人对自己扭曲和误解。说完全不在意肯定是假的，但真的要去和每一个躲在网络后的人辩论和证明自己，更是不现实。

对于如何不被外界的声音绑架，我有三个源于自己经验的小妙招：

一、对自己足够了解。 这样就不会仅仅通过他人的评价来确认自己的位置，更不会因为他人的评价而患得患失。曾经的一位女同学，就是没有了解自己的优势，又特别在意别人的眼光和看法，导致很长一段时间都非常不自信，感觉未来很迷茫，还会因为别人的三言两语就改变自己本来已经做好的打算，到头来不仅影响做事情的效率，也会增加很多不必要的烦恼。

二、有自己的判断标准。 通常我会考虑并听取那些比我厉害的人的建议，这个厉害可以是见多识广，也可以是在某个领域比我有更丰富的经验，因为他们指出的是实质性的问题，给出的也是从专业角度出发得出的结论。觉得对方有道理的地方当然值得吸收，也可以促使自己不断得到提升和进步。但如果是一个人既没有我专业又要对我擅长的领域指指点点，那么这样的评价我根本不在意，因为他不是在提意见，而是在刷存在感。

三、更专注自己想做的事，努力拉开与同龄人的距离。如果真正做到了这一点，是会把更多的时间和精力投入对自己的经营和投资上的，从另一个角度看，也能通过努力让成绩为自己证明，使旁人没有指手画脚的机会！

当你能够做到这三点，会发现看待世界的角度正在悄悄发生变化。

有时候懂得理解和妥协更重要

有一种情况需要特殊处理，那就是如何应对亲人的评价！我们不难发现一个现象，往往越是亲密的人，越容易忽视我们的内心感受，也越容易说出伤人的话。如果我们过于在意，就一定会被锋利的言语刺伤。

我觉得对于家人、朋友的评价，不用急着纠正和反对，可以多一些理解和妥协，更不要被对方的情绪化语言所影响，很多时候那也许并不是他们的本意。像父母那一辈的人，或许是受限于教育、认知、成长环境，他们总是习惯性地直接表达，习惯性地抱怨，不懂得委婉去说自己的想法，永远觉得自己的孩子没有别人的孩子懂事、优秀。但他们并不是不爱我们，只是不知道该如何正确地表达爱和期盼。这时候就不要光想着如何对抗，因为他们的习惯基本已经定型了，后天很难再改变，如果硬要抗衡，只能双方遍体鳞伤，伤害了家人，自己也会不好受，久久不能释怀，倒不如给予他们比陌生人更多的理解。这种意义上的妥协不是因为认可或是接受了他们的声音，只是因为我们更重视或更想维护这段无法割舍的关系。因为我们后天受到的教育和个人成长的能力赋予了我们更多的包容之心。让我们能变得更加体面、更加强大，心里再正确的道理，也没有眼前的这个人重要，所以，没有必要较真儿！

人生在世，很难躲过"评价"二字，不要轻易地去评价他人，也不要轻易被别人的评价绑架！每个人都要活出自己的精彩，从容面对外界的声音！生活会越来越好。

努力是普通人唯一的底牌

实话实说！我是一个非常普通的姑娘，但扪心自问，我真的属于很努力的那一类人。这一路弯路走了不少，心也差不多被伤成了好多瓣儿，但其实我自己明白，在成长的过程中，有任何一步选择了放弃，都不会成为今天的我。

不拼不搏，人生白活！

刚开始拍短视频的时候，我大学还没毕业，不认识相关专业的人，更不懂怎么做视频剪辑。每拍一个视频通常都要提前写好脚本内容、设计好场景，再用相机录上好几遍才能正式开始。当时还专门自学了剪辑。2017 年的时候，剪辑软件还没有现在这么容易操作，一整套流程很复杂，几乎每一个步骤都要去网上进行一番攻略才能进行，这也导致了我非常怀疑现在自己的高度近视就是那段时间造成的。

印象特别深的一次是，我花了三个小时好不容易录完了一个视频，又吭哧吭哧地剪到凌晨四点，但是电脑突然死机了，重新启动之后发现之前剪好的内容全都没有了！天啊！太崩溃了！毫不夸张地说，那一刻我的心脏几乎都不跳了，真的是差点气死，脚下一软直接从椅子上摔到了地上开始呜呜哭泣。哭累了之后我默默地重新抱起电脑继续剪辑。因为哭没有什么用，解决不了任何问题，除了继续我没有别的选择。不是不能放弃，只是假如那一瞬间放弃了，我可能就再也没有重新来过的勇气了。现在的我真的特别感谢当时的自己！其实仔细想想一个人即使闲着时间也会过去，为什么不趁年轻多尝试新鲜的事物，掌握一些新技能呢？后来我逼着自己研究，一点一点学相机的参数设置、学短视频思路模型、学视频的剪辑技巧，并且一步一步走到了现在。每个人都有很多想放弃的瞬间，可越是那样的时刻越要转换思路拉自己一把，不要贪图一时的安逸，试着迈过眼前的那道坎，没准儿就会迎来命运的转机！

其实，一个人最大的努力是在精神上对抗畏惧、胆怯和想要放弃的时刻，对抗的过程也是磨炼自我的过程。

借口不是人生的解药

如今很多人因为短视频认识了我，有人问我，假如自己也想做这件事，具体有没有哪些成功的经验可以复制。但我发现大部分

不拼不博,
人生白活。

人的思路通常是只付出了一丁点努力就想得到回报，如果没看到即时的成果就会无比失落，选择放弃。但其实世界上只有极少数的人天赋异禀，大部分都是如你我一般的普通人，所以要认清现实，我们都不是天选之子，凭什么只付出了一点点的努力就会被老天选中呢？也别看多了成功学案例就疑惑为什么别人那么轻松就能做到而自己不能。生活中优秀的天才都是通过大量练习才掌握优于别人的技能的，成功没有捷径，干起来也都不轻松。只看到别人的成果不去看别人流下的汗水势必会对自己产生越来越多的怀疑，越来越有挫败感。所以你得清楚一件事，成功不能复制，成功依靠创造。在通往那个终点的路上，任何不走心的努力都是在敷衍自己，结果也不言而喻。

还有一些人喜欢给自己找借口，先把自己说得一无是处，各种否定自己。好像做不好视频就是因为没口才、没好性格、没才艺，但这样也无法遮掩他选择逃避问题的事实。

不管是做短视频还是做其他事，都要注意以下几点：

第一，干就完了！没那么多废话！ 行动是成功的第一步，等走到后半程再回头看前面的路，就会明白所有的付出不会白费。有那么多时间找借口，还不如多花点时间想办法。

第二，刚开始的时候不要和做得最好的人比较。 你可以想着勇攀高峰，但是没必要一开始把目标定成珠穆朗玛峰！那样不但容易打击自信心，还会失去坚持下去的动力。踏实一点，慢慢地一步步往前走，哪怕今天比昨天只进步一点点，也是进步！

第三，做事之前先做好计划，选择好方向再开始行动。 盲目的努力只会换来自我感动，看着拼尽了全力，实际上跑偏了方向。一定要把时间都用在刀刃上！我承认选择比努力重要，但是选择并不比努力重要多少。

因为努力是普通人唯一的底牌，假如一个人没有天赋和运气，那么就只能通过努力去争取自己想要的结果。自己不愿意努力，还拿没有天赋和运气当借口，把所有成功的人都称为"幸运儿"，那只能是不断地找借口，最后成功只会比登天还难。

还是那句话，我从不觉得自己有什么天赋，也不觉得自己多么厉害，但我知道自己只要努力，就已经走在了通往成功的路上。

2

那些亲密关系教会我们的事

失恋这件小事

我收到的私信中问得最多的问题都是失恋了怎么办。看来，失恋真的很像一个可以搞得人身心俱疲的魔鬼，让人难过、失落，也让人爱而不得。

大概要特别特别幸运的人才能初恋就圆满，显然我不是。18岁的时候，我因为失恋哭得差点儿得了甲亢，每天以泪洗面，饭吃不下、书也读不进去，经常连周围人和我讲话都听不见。现在想想还是会感叹当年的自己真是惨不忍睹！明明只是失去了一个不爱我的人，却好像失去了全世界，毕竟在我的脑海里，早已经构想出了两个人在一起一生一世的画面。

直到有一天我突然发现，真正放下一个人也是需要力量的。这份力量到底有多强就来自我们对自我的认可感有多强。这辈子，有人爱我们，也有人离开，但无论结果如何，都不要怀疑自己，不是你不够好，也许只是你们"不是彼此合适的那个人"。坚决不要执念于让一个不爱自己的人爱上自己，相信我，在这件事情上你能获得的成就感远不及工作、健身等提升自己的方式来得多。全身心投入工作会让你掌握更多的技能，遇到更好的机会，拥有更多选择以及提升自己和家人的生活品质，而健身则会让你的体态更优雅、更自信、更健康！这些都远比把时间和精力花费在一个错误的人身上更加重要。我的恋爱观里有一条非常重要，那就是：绝不会喜欢一个不喜欢自己的人。既然对方没有发现我的魅力，也并不认可我的价值，那么就不要再占用彼此的宝贵时间，不是一路人，话不投机半句多。

失恋后的修复期究竟是多久，取决于你多久可以战胜由此而带来的挫败感，多久可以停止自我怀疑，多久能够自信地把头仰起来！没有人可以给出一个标准的答案。但的确会有一些方法，可以帮我们给这段时间按下加速键。

底线，也是我们的保护线

长大后会发现，能够遇到合适且彼此喜欢的人谈恋爱太难了，恋爱真不是件容易的事！所以有些人哪怕在感情中已经遍体鳞伤，清楚地明白此时的消耗远不如曾经一个人的生活来得放松自在，也要选择忍耐，继续保持幻想，幻想着终有一天自己总会好起来，自己一定可以感化、改变对方。当然也有一部分人会非常焦虑，生怕一旦错过了这一个，下一个可能会更糟，索性就这样吧，时间越久，越是没有勇气打破这份将就的习惯。

不得不承认，很多时候怀着这种想法的人本质上都很善良，有很强的共情能力，能委屈自己就不伤害别人。每一个将就的日夜都是对另一半的信心和期盼，坚信对方一定可以变好。但是要记住，善良没有错，只是不要把自己变成感情世界里的"老好人"，很多时候要坚守原则，并让它变成我们的盔甲。

所以，对于真心喜欢的人，机会可以给，但要规定次数！这是底线，也是我们的保护线。

清楚自己的底线在哪儿，恋爱时一定要提前将"丑话说到前面"，让对方清楚和了解你的观点和态度，而不是一味地靠试探和猜测。这样一旦对方触碰底线就坚持原则决绝离开。要知道真正爱你的人绝对不会在你的雷区刷存在感。提前说好也是让自己更能看清这段感情，不会用"也许对方不知道"这样的借口搪塞自己。不然你一再往后退，时间久了，对方会觉得你没有原则，是一个可以讨价还价的人。所以提前设定底线，对自己负责。

爱己者，人恒爱之

千万不要爱一个人爱到失去自我，完全看不到自己，那不叫爱，叫执迷不悟！先足够爱自己，然后再去爱别人。

有些人在发现男朋友背叛后，总会想方设法查手机、查开房记录、翻看微博、查看抖音的点赞和关注，想通过一些蛛丝马迹验证自己的怀疑，但每一次寻找证据的过程，消耗的都是你的信任、耐心和重新爱上一个人的能力。而一旦当你确认了背叛的事实，得到的也不会是轻松，只有恨意。恨是一种比爱更强烈的情绪，遗忘起来也更加耗时。

我小时候就恨过一个人，到现在都不能释然。很小的时候我父母就分开了，就因为我是个女孩而不是男孩，所以我爸选择了一走了之。过了很多年，他给我打过一个电话，在接起电话的一瞬间我忽然意识到自己可能没有那么恨他了。如果早几年接到这个电话，可能还在怨他为什么不在意我，为什么从来不问问我过得好不好。可我知道我不会再问了，因为我已经度过了最需要来自父亲的安全感的阶段，我已经完成了对自我的治愈，也可能是因为我拥有了更独立且完整的自我，可以妥善处理好自己的情绪。恨一个人，太累了，如果你不愿意花很多年的时间去消解恨意，那就不要给自己去恨一个人的机会！出现问题要及时沟通，及时止损，并记得保持体面。

分手后，要想办法多给自己正面的支持和肯定！不要总想着，如果自己更完美一点对方是不是能回来找我？如果我更温柔一点，两个人是不是就不会吵架？如果希望自己变得更好，那么一定是要基于"为了自己"的前提。当我们把自尊心、自我价值放大到最大的时候，就会发现没有什么人是非爱不可的，如果必须有一个，那也是自己！

活得充实的人，没有余力悲伤

失恋带来的疼痛往往是非常具体的，路过两个人一起去过的餐厅、突然想起曾经做出的某个许诺、在家里发现对方留下的生活痕迹……毕竟我们没有办法忽略一个事实：曾经有那么一个人真实存在过。所以，失恋后一定要把关注点放在自己身上，空闲是失恋的人最大的对手，因为人一旦闲下来就容易胡思乱想，想多了就容易自怨自艾。

失恋后我经常会选择看一些励志的电影，故事中主角的命运往往都会充满坎坷，遇到的打击也都并非普通人能够承受，不过即便生活再艰难，他们依然会顶着压力挺过去，即使从头再来也有勇气相信未来一定会更好。把自己完全投入电影的故事中，对比下来就会发现自己的这些儿女情长真的不算什么，难过的情绪也会舒缓很多。

除此之外，我也会看一些漫画书，图画会更具象地表达出文字中的场景，轻松、治愈的画风也能让人一下子进入温馨幸福的状态。看着看着就会感受到生活中还有很多美好，每天依然有阳光从窗前洒下，小鸟依然会吹着口哨护送你上班，花草树木没有抱怨风吹日晒，而是享受狂风带来的考验，雨水带来的滋润，撇开笼罩在头顶上的乌云，其实幸福一直就在那儿，你要睁开眼睛去好好看看它。

还有一点非常关键，那就是千万不要憋着！可以哭，也可以和朋友倾诉，鼓励自己把情绪发泄出来。从心理学的角度分析，倾诉是疗愈中很关键的一步。我们在描述一件事的时候，大脑会保持高速地思考，每讲一次就相当于对这件事的思考重新启动一次，也会引发自己产生不同的认知和心理变化，从而一点一点地把一件事想通，然后放下。真正的朋友，可以成为彼此暂时的情绪垃圾桶。感情的事多半当局者迷，旁观者清，朋友往往可以给出一些有价值的建议，帮助我们早点看清真相，自然也能快些治愈。

接受，放下，向前走，唯有这样，我们才能遇到下一个相爱的人！

及时止损

谈恋爱是一门学问,也是一场双向选择。有时候不是你不够好也不是恋爱这件事不够好,完全是因为没有遇到对的人。所以一旦发现自己处于一段不健康的恋爱关系,一定要学会及时止损。

恋爱中的及时止损,是指两个人在一起后发现对方不符合自己的预期,或者发现对方的某些行为让自己无法接受,即便两个人都为此做出了努力和改变,还是没有办法解决问题,这时候就应该慎重考虑两个人的亲密关系了。

在恋爱关系中的我,一开始也不是那种非常果断的人,但现实教会了我一个道理:委曲求全的爱情根本不能长久!

我曾交往过一个特别爱打游戏的男朋友,他家境不错,长得很好,相处起来也很轻松,但是我们的生活方式完全不一致。他每天睁开眼就开始打游戏,除了吃饭、上厕所,其余时间几乎都花在了游戏上。刚开始我一直让步，迁就他的作息、爱好和习惯，不断付出自己的时间、金钱和精力。但时间一长，我发现这场恋爱谈得一点儿都不快乐，反而像是自己养了一个不懂事的儿子。

当时我们住的地方一共三层，他经常在二楼打游戏，不到饭点基本不下楼。有时候朋友来家里玩，他甚至能因为一局游戏没结束而让所有人一起等着。在我看来，这种行为真的太没有礼貌了！

有一天，我突然明白不能再这样继续下去了。面对这样不对等的价值观和生活方式，即使勉强在一起，最终也不会有什么结果。与其这样，还不如主动分手，早点放下，开始新的生活。

但是分手后的伤心不会骗人，尤其以年为单位的恋爱，突然失去真的会让人非常难过！分手那天，我向朋友打电话倾诉，朋友甚至到家里来陪我。现在想想这个"治愈"的过程其实还挺逗的。那天朋友来了以后，我就让她一个人待着，然后自己一刻不停地打扫卫生，一会儿擦电视柜，一会儿换床单，好像有特别多的事情在等着我，一副不把家里收拾得一尘不染就不肯罢休的样子。就这样一口气收拾到了第二天早上，然后整个人突然就释怀了！

虽然没有太多语言上的交流，但朋友的存在本身就是一种安慰，让我知道自己并不孤独。而收拾屋子的过程也是治愈自己的过程。

其实，我知道自己选择分手的根本原因，不是一时任性，也不是以退为进，是真的想清楚了两个人没有未来。可能提出分手的那一刻我还爱着他，但是我知道继续相处下去也看不到这段关系变得更好的希望，那就长痛不如短痛吧！当断则断，才能不受其乱。我愿意承受阶段性的痛苦、难过，因为我知道等这一切过去，我一定会好起来。

现在朋友每次提起这件事还会说："凯毅，你真挺狠的，东擦擦西刷刷忙活了一整晚，但做完那些真的就好了！我就没见过像你这样可以这么快好起来的人。"虽然那段恋爱经历没有因为无止境的撕扯让我遍体鳞伤，但也给我造成了一个小小的阴影——再也没有交往过爱打游戏的男朋友。

感情不是只有相爱就足够了，还需要一定的理智与果断。我们只有停止一件错误的事，才有可能开始一件正确的事。

不合适的感情就像一双不合脚的鞋子，就算价格再昂贵，款式再漂亮，只有穿在脚上的人才知道有多难受。不合适的鞋，硬穿着会脚痛，不合适的人硬凑一起会心痛，与其委曲求全，不如及时止损。

人啊，只有穿合脚的鞋才能越走越顺，跟合适的人相爱才能越过越好！

恋爱前要做的三件事

不瞒你说，我有一个专门记录爱情的小本本，一直放在包里，能随时拿出来记录自己的感受，尤其在考虑是否和一个人确定恋爱关系的时候。

我们必须确保自己已经做好了充分的准备，才能开始一段新的恋情。 否则匆忙而下的决定，很容易让我们在恋爱后突然发现，自己其实跳进了一个大坑。如果你想要一段长期又稳定的恋爱关系，一定要学会从不同的层面和角度对对方进行观察！一定要做好以下三件事：

第一，仔细观察他的朋友圈子。

物以类聚，人以群分，我们都喜欢与志趣相同的人组成团体，建立友谊。我觉得恋爱中最舒服的状态就是带着最心爱的人和自己最要好的朋友们一起谈笑风生，想想都觉得放松又幸福！在恋爱中，我们最先接触到的通常也是对方的朋友圈子。如果他身边的大部分朋友对待感情都没有一份认真的态度，经常随便更换另一半，那么或许你真的应该再好好考虑考虑。毕竟大部分正派的人在挑选朋友时会有一定的立场和原则，也会尽可能避免跟充满负能量的人打交道。

朋友就像一面镜子，能帮我们看到自己不在场时，对方最真实的样子。

第二，看他在工作中的状态。

如果一个人在工作中总喜欢偷懒摸鱼混时间，习惯了推脱责任，遇见任何事情都喜欢把问题归结到别人身上，那他在生活中大概率也会是一个特别爱找借口的人，因为他不想也不愿意承担责任。**有担当的人不会糊弄别人更不会糊弄自己**。相信我，这样的人未来的成长空间或发展空间通常都不会很大，甚至极有可能让自己陷入生活的危机！

第三，看他对陌生人的态度。

不可否认，大部分人在生活中都会不自觉地戴着厚厚的面具，尤其是在做一些有目的性的事时，更是会有所伪装。所以想要看到一个人真实品性的一个小技巧，就是看他对陌生人、对和他没有任何利益关系的人是什么态度。比如，他和外卖小哥说话时的态度是否咄咄逼人，对餐厅服务人员出现的小失误是否会小题大做指指点点，遇见流浪猫狗时是否会厌恶唾弃或者大声呵斥驱赶……他对陌生人的态度，很可能就是日后你们长时间相处时他对你的态度。坚决不容小觑!

恋爱是一件非常幸福的事情,所以很容易承载着我们非常多的期待和想象,但是一定要提前擦亮眼睛,在恋爱时多多观察,主动思考,不然就算对方已经暴露了真实的一面,粗心的你也发现不了问题。等到最后付出了时间、精力、感情,却发现所托非人,就真的是得不偿失了!

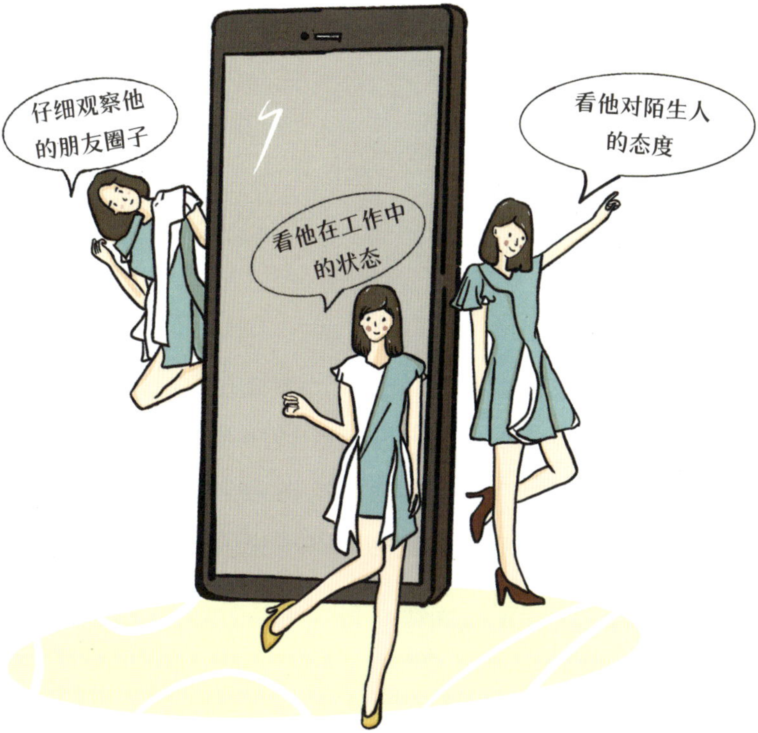
仔细观察他的朋友圈子
看他在工作中的状态
看他对陌生人的态度

恋爱中的磨合

大多数人谈恋爱都首要选择性格、爱好相同的人。两个人能玩儿到一起、聊到一起、吃到一起，生活会因此变得更丰富和有趣。像电影《花束般的恋爱》里的男女主角，刚刚相遇时，一个人说了上句，另一个人马上可以接出下句，那种命中注定般的感觉真的会让很多人对爱情充满期待。

我也一样，想遇到一个所谓"天生一对"的人，但是现在想想，那如同照镜子一般的人或许就生活在这个世界的某个角落，但我们真的有福气遇到吗？这就好比买彩票，当然存在中奖的概率，但是能中奖的永远只是极少数人。所以请先暂时放下对完美爱情的期待，让我们来聊一聊普通人的恋爱情况。前面说过了恋爱前的准备，这里想跟大家分享一下恋爱中最重要的磨合。

我自己的性格真的太暴躁了，所以我的恋爱手册中有一条刚需：一定要找一个好脾气的另一半！必须跟我性格互补，要是两个人都暴躁，那搁在一块儿肯定易燃易爆炸。如果用"火冒三丈"来形容我每天的状态，那我必须要找到一个会呼吸的"灭火器"！不知道是不是老天爷怕我年纪轻轻就被"气死了"，居然真的让我遇上了一个对的人！嘿！我可真幸运啊！

但是灭火器也分不同的功率，要想用得顺手关键要靠磨合。关于吵架这件事儿，我和男朋友还专门讨论过。他这个人特别擅长辩论，总是用最温柔的语气说最硬的话，显得自己又讲道理又体面。恰恰我最烦的也是这一点，因为几轮回合下来就会显得我像个泼妇！

有一次我们吵了整整六个小时。没错，完全像一场没有休息没有叫停的超级辩论大赛！连上厕所都要隔着一道门继续喊话，坚持秉承绝不低头的原则！我发现每次在一个观点快结束的时候，他又突然发现了另一个问题，然后改变赛道，延伸了吵架的层次，当然也可以理解为高级版翻旧账。没办法，我就只能继续奉陪到底！

毕竟吵架除了伤感情还很费嗓子，后来我们开始复盘，分析产生分歧和争执的原因，突然发现，**其实很多时候之所以吵架，是因为我们在乎的并不是问题本身而是另一半的态度。**

成年人都明白，生活里真的没有那么多人生大道理，更多的是琐碎的细节和对待细节的态度。毕竟忙了一天谁还想再听你上课啊！所以我们决定以后一旦吵架，第一步就是先认同对方的想法。因为有时候会吵架就是单纯地想赢，总觉得自己在这段感情中付出的更多、投入的更多，理所当然要先赢一番！但，谈恋爱又不是打辩论赛，咱应该第一时间先想办法降火，然后再赶紧反思自己的问题并及时改正。

冷静后的第一件事就是两个人一起分析争吵的原因，是之前积累了太多的不满，还是自己提过意见的地方对方完全没有改正，抑或是一时激动导致的情绪爆发，等讨论出吵架的原因再有针对性地思考该怎么处理。**很多时候比问题真正得到解决更重要的是解决问题的意愿和态度。** 比如，我男朋友的方法是：当我特别生气的时候，他会采取曲线救国的方式，把家里的狗狗放出来转移我的注意力，或者削个苹果、切个橙子，把硬邦邦的吵架软处理。其实，不论我是否真的吃这一套、是否真的会因此瞬间熄火，但是我能感受到他是在用心地想办法，在为了维护我们的感情而做出努力，并没有像个"甩手大爷"一样不屑地说着那些经典的"语录"："都是我的错，好吧""那你还想让我怎么样"，以及"你要这么想，我也没办法"。

所以在那个情绪对冲的当下，我会很感谢他的这些小方法，并且非常愿意收拾心情，握手言和！并时刻提醒自己：只要彼此在一起，就没有什么解决不了的事儿！

这个世界上从来就没有百分之百完美的爱情，也没有百分之百默契的爱人。一段稳定健康的亲密关系，离不开站在对方视角上的思考和彼此共情。 他能理解你生气的原因，你也能看得出他递过来的小台阶，彼此不计较、不埋怨。时间久了，默契自然就会一点一点磨合出来了！

这个世界上从来就没有百分之百完美的爱情，也没有百分之百默契的爱人。

真诚最重要

对初次见面的人毫不设防、掏心掏肺就是真诚吗？并不是。我觉得这是对真诚最大的误解，就像我高中时期认识的一些朋友，把真诚理解成了完全的无话不谈，不管是当面吐槽别人的小缺点还是直接分享自己的小秘密，仿佛这样做就能加深彼此之间的友情。但是，如果不是足够亲密或足够了解的人，我不会觉得这是对对方的信任，反而会加重其内心的负担。因为我知道他们也期待着我交换相同程度的秘密，也在等着我给予同等的回馈。这不是真诚而是交换。

真诚是大大方方的展示自我，是与人沟通交流甚至建立联结的最快捷方式，既不畏畏缩缩，也不刻意隐瞒，对待他人坦诚磊落，又能随时保持自己的分寸。所以，真诚从来都不是知无不言、言无不尽，而是非常清楚地知道什么该说，什么不该说。

对于刚认识的人，我们可以有限度地聊自己的情况，可以谈对事对物的看法，但是千万不能聊他人的隐私或者职业中的保密信息。对于别人的提问，我们可以依据自己的实际情况作答，如果对方能够在聊天中产生共情，自然也会主动说起自己。但是一定注意不要对他人的事情刨根问底，要保持社交中应有的尊重和距离。

跟恋人或家人的真诚，则是如实地表达自己的真实感受。当然，我们刚谈恋爱的时候，会有些不好意思开口，比如收到的生日礼物不是自己喜欢的，可以在感谢对方的同时真诚地告诉对方什么是自己真正想要的，而不是强颜欢笑后还要默默暗自伤神，难过为什么对方不了解自己。因为相处久了，真诚是能帮助恋人培养默契的最好方法，也是能让两个人的沟通更有效率的最好方式。目的都是以后相处得更加愉悦、感情更加稳定长久，所以我觉得，前期的真诚加上后期的了解就能得到最重要的默契。

而家人对我们情感上的需求，是希望知道我们在外面是不是过得好，并且能参与到我们的生活里来。有些人什么都不愿意和家人分享，隔绝了父母了解自己的渠道。随着父母慢慢变老，他们在我们生活中留下的痕迹也越来越少了，他们希望了解孩子的生活，也渴望知道自己是被需要的。面对这种情况，我们可以适度地跟他们说明自己的想法，并调整和父母的相处方式，接纳他们的关心，也保持自己个人生活的独立。

每个人的生活都离不开社交、友情、爱情、亲情，真诚是处理这些关系的万能钥匙。

当然，我们不仅要对别人真诚，更要对自己真诚。在生活中，我们常常会有为难或勉强自己的时候，比如害怕被别人孤立或者被认为不合群，明明不喜欢的活动也要参加；又如害怕别人说自己小气不和善，明明心里不情愿或者已经有了安排，遇到请求还是不敢拒绝。实际上，只有我们确认过自己内心的真实想法，再决定是否答应他人的请求才是真诚，内心想帮就帮，不愿意帮就不帮，既是对自己负责，也是对他人的请求最终会获得什么样的结果负责，同时是在树立自己的原则和边界，明确地向外界释放自己的态度信号。

　　当然，一定会有人觉得成年人的世界本来就是充满套路的，有些规则大家已经心照不宣，这种情况下还保持真诚等于傻，特别容易吃亏。我得承认，生活中我们确实能看到很多只说好话、会说假话的人，他们也的确因此获得了一些即时性的好处。但是，如果你的诉求不是为了眼前的一点利益不惜伤害自己的形象和口碑，如果你还想吸引真诚的人，那么首先你也要学着真诚，这就是"吸引力法则"。

　　所谓的花招、套路，可能刚开始的确会让人获得一些蝇头小利，但时间越久越容易摔跟头。**尤其是当一个人不断地向上发展，接触了更多的人，看到了更广阔的世界，就会发现其实真诚才是最有效、最直接的沟通方法。**

　　刚去清华大学读书的时候，老师和同学们总是叫我"网红"，我对这个称呼很不喜欢，尽管称呼不含有任何情感上的褒贬，只是觉得明明我有名字啊，为什么大家不叫我的名字呢？所以，我迫切地想找一个机

张凯毅

真诚是一种态度，
也是解决问题的捷径。

会和大家说清楚这件事。

　　有一次，老师上完课，我趁大家还没走，马上冲到台上说，不好意思想耽误大家几分钟。我希望大家以后可以叫我"凯毅"或"张凯毅"，因为网红不是一个名字，只是一种身份。虽然现在大家对网红的定义与理解已经越来越客观，但是除了表面的光鲜或者搞笑，和任何一种职业一样，这个行业同样需要背后的很多努力和专业来支撑，这些不是简单的"网红"二字就能概括的。我当然知道老师和同学们没有任何其他的想法，但是仅仅用这两个字也的确会模糊掉我除了职业之外，本身具有的特点和标签。

　　自从我说完这些话，老师和同学们再也没有叫过我"网红"。我选择站出来非常真诚地说出自己内心最真实的想法，而不是私下里表达自己的不满情绪，不仅没有冒犯到大家，反而得到了老师和同学们的理解，甚至还有一位年纪比我大很多的同学专门向我解释，他没有任何恶意，只是觉得网红是新生事物，担心别人觉得自己有点儿落伍了，为了表示自己和年轻人没有代沟才会这么叫。

　　真诚是一种态度，也是解决问题的捷径。如果别人无意中的举动让你感觉不舒服，你可以采用合理的方式如实地传达自己的态度。但是很多人不愿意说出自己的真实想法，表面上若无其事，内心却怒海翻腾，还可能因此吃不好、睡不好，真的特别没必要！

　　客观来说，每个人成熟的标志就是不再拥有百分之百的"真诚"，但是我们大部分时间还是要真诚一些！因为假如这个世界失去了真诚，人心也会逐渐变成荒漠。

你会选择和什么样的人成为朋友

都说，朋友是自己选的家人，没有先天血缘的联结，但通过相同的磁场彼此吸引。很多时候，朋友就是我们的一面镜子，在他们身上，可以看到我们一部分性格和特点的投射。

我很认真地思考过一个问题，到底应该和什么样的人成为朋友。我认为朋友之间的相处要真诚、直接，相互支撑也彼此独立，有自己思考问题的方法和态度，但也会在对方犯了糊涂钻了牛角尖的时候果断站出来把对方骂醒。

如果你的生活中有一个敢直抒己见的朋友，请一定要好好珍惜他！因为你需要知道，他的这份直接也是经过了慎重的考虑，不是不知道说好听的话可以让所有人都开心，不是没想过直接的表达会让两个人的友谊面临挑战，但他们依然做不到对你的问题视而不见。一直以来，我都以拥有一两个敢骂醒自己的朋友为荣！因为我知道他们是在真心地为我着想，不是随声附和，也不是只能同甘，所以每当遇到什么困惑，我都非常愿意和他们分享与讨论，也经常能听到一些有价值的分析和建议。

千万不要害怕和朋友吵架，有时候吵架反而可以帮我们过滤掉一些虚假的友情和危险的朋友，因为这样的人很难经受时间的考验，一定会慢慢散去，但是真正的好朋友，哪怕因为吵架分开了一段时间，还是会在某些时刻与你重新和好，并让你重新意识到对方在自己的人生中是多么重要，反而让两个人的友谊变得更加坚不可摧！所以，不要因为害怕失去朋友而不好意思说实话，我们需要做的只是学会慎重地选择和谁成为朋友。

除了有话直说、有独立思考的能力这两点，在我的朋友选择标准中还有一条非常关键，那就是看这个人是否孝顺。生活中我们常常听到有人抱怨自己的父母，说他们总是干涉自己的选择和自由，过于传统，不知变通等，但是吐槽谁不会呢，真正愿意花时间去了解和理解才更难得。那是一场艰难的修行，一般人很难做到。

叛逆期时候的我对一件事印象特别深，当时我正在沈阳音乐学院附中读书，我妈在学校附近租了一个房子，让大姨和大姨夫帮忙看着我。那时候他们对我非常严格，甚至到了有那么一点儿"控制"的地步，他们会用望远镜看我在学校里做了什么，平时和哪些同学在一起，这些做法导致我的心情无比压抑。身边的同学都能轻轻松松地选择住在寝室，为什么只有我像一个"犯人"一样时刻被看着。那时候和朋友们讨论这件事，大家都对我的烦恼表示了很大程度的理解，几乎都在说"真过分""这么做太讨厌了"。我非常感谢当时的那群小伙伴，他们在我难过的时候可以听我倾诉，能给我带来陪伴和共情。但站在解决问题和心态引导的层面，我依然是孤独的，只有一个人在慢慢摸索。

如果当时有人可以站出来告诉我："妈妈也是第一次做父母，她只是用她的方式在爱你，或许这种方式不够正确，让你感觉到了不舒服，但是因为她所受到的教育和成长环境限制了她表达的方式，你需要做的是理性看待，说清楚自己的感受和想法，而不是用叛逆来抗拒家人的关心，或者全盘否定家人的爱。"也许我就可以更早地跳出压抑的情绪，更好地找到和家人相处的方式，少走很多弯路。但是我没有遇到这样的引路人，反而因为自己得到了身边人的认同，越来越肯定自己的想法——我妈的行为太让人讨厌了！于是越来越叛逆，做出的行为也越来越过分，问题也始终没能得到解决。

随着年龄和阅历的增长，以及自己心智的越发成熟，我们对朋友的需求也是会不断变化的。我们需要的不仅仅是对方物质层面的陪伴，还会希望对方能够在精神上给自己更多的积极引导。真正健康的友情是你知道我会永远懂你，相信你、支持你，但也愿意在出现问题的时候站在解决问题的视角给出你更成熟、更理性的建议。各自独立，但彼此支撑。

一个人可能走得很快，但一群人才能走得更远。朋友的作用至关重要，甚至有时候他们能够给予的陪伴和支持比父母、恋人都要多。"这世界上有各种各样的人,恰巧我们成了朋友,这不是缘分,是因为我们本就应该是朋友",这句话是电影《绿皮书》里的经典台词,说得一点儿都没错。

负能量,不可怕

负能量很像一个看不见的旋涡,稍不注意我们就会被卷入其中。而那些充满负能量的人就如同一台行走的情绪传播器,他们会将自己无法消化的悲观情绪、消极想法甚至坏习惯,一股脑地扔给身边的人。时间长了,身边的人自然也会受到影响。

对于总是喜欢抱怨生活传递悲观情绪的人,我会第一时间选择远离,并且态度非常坚定,因为我知道自己抵挡不了负能量的强大侵蚀。比如,费了九牛二虎之力终于改掉了自己的拖延症,那么我一定会和喜欢做事拖延的人保持一定的社交距离,否则自己前面的所有努力都会前功尽弃。

面对外界的负能量,我们可以选择主动远离,面对自己偶尔产生的负面情绪,我们同样需要采取积极主动的方式来应对,为此我有一个化负为正的小方法,那就是将那些负能量变成催促自己努力向上的动力。

从小到大我都不是一个自信的人,这主要来自原生家庭的打压式教育。我妈不是一个性格温柔的人,说话一直硬邦邦的,也很少给我鼓励,提起别人家的孩子永远是聪明、优秀、懂事,说起我就是贪玩、没脑子、不长记性、不争气!大人嘛,都重视小孩子的学习成绩,我在这方面确实没有亲戚朋友家的孩子出色,每次考试成绩出来也都能看到非常鲜明的对比。所以在我妈眼中,她对我寄予厚望,而我却总是让她失望。现在我明白,贪玩好动根本不是十恶不赦,也并非一定会把未来搞得失望透顶,贪玩就是每个人在小时候与生俱来的对这个世界的好奇。那时候没有人会鼓励我、引导我、教我对世界的新看法,让我对知识产生无限的渴求,只会质问我:"为什么别人都那么优秀,而你却总那么差劲?"我回答不了。因为这个标准对我来说就是模糊的,什么算优秀?我亲眼看见过家长眼里的"好学生"趁周围没人的时候用一根钉子把学校后面一整排自行车的车胎都扎破了气,我也见过所谓的"差生"因为发现草丛里有一只从树上掉下来死去的小鸟而抹着眼泪帮它挖了一个坑,埋了它,祈祷它能在另外的世界更快乐、更自由。那个时候我真的不懂,也没人教我懂,所以只会默默吸收这些负面的东西。长此以往,我充满了愧疚感,个性逐渐自卑,这也就导致了一直以来我的内心深处始终有一个想法——我没有别人优秀,别人永远比我好!

直到现在我也不是一个非常自信的人,但是长大后学会了换个角度看问题，感觉自己没有别人好，就通过行动改变现有的局面，趁着年轻多学习、多提升。在这个过程中我也遇到了很多真正优秀的人，从他们的身上我也开始明白，"觉得自己还不够好"这件事并不可怕，也不是个例，他们会用谦虚的角度来帮助自己赋能。把骨子里的自卑幻化成了前进的动力。客观存在的过去是没有办法更改的，但是完全可以从此刻开始掌控现在和未来对自己的认知和对世界的看法。

必须承认人的情绪会随时流淌，没有人可以时时刻刻充满正能量，一辈子那么长，我们一定会有感到消沉、悲观，积压了很多负面情绪的时刻，这时不要过度惊慌，变负为正是一种选择，学着对自己好也是一种方式。

前段时间我买了个特别可爱的小盒子，由于不知道往里面装什么，所以突发奇想地想了个好主意！就是用它来装对自己的鼓励和支持！那些童年缺少过的瞬间，其实是可以通过自己的努力弥补的！于是我每隔几天就会写一句鼓励自己的话塞进去，有时候写"今天遇见不如意的事竟然没有失控并且冷静地完美解决了！真棒！今天的进步很明显！"有时候是"今天买的这件衣服真好看，可搭配性非常高！眼光真好！"诸如此类，可能看起来很幼稚，但这是我给予自己肯定的一种方式，学会把目光聚焦到自己的身上，发现自己每一个微小的优点，鼓励自己每一处微小的进步，这个给自己写小纸条的过程就是治愈自己的过程。

千万不要小看自我开解的作用，在负能量爆棚的时候，一句来自自我的鼓励和肯定往往就可以让事情有峰回路转的结局。

对所有人而言,负能量都算得上一个非常强大的对手,但是它真的远没有那么可怕,也并非无法战胜,在该远离的时候远离,该面对的时候面对,学会转一个弯换一条路。

变负为正是一种选择，
学会对自己好是一种方式。

永远不要忘记边界感

其实,这个世界上只有两件事,一件是自己的事,另一件是别人的事,自己的事自己做主,别人的事别人操心,不要随便越界,否则既给别人添了烦恼,也给自己惹了麻烦。

就像国与国之间有碑界,人和人之间也是有边界的,只不过后者是一道隐形的线,有的人能看见,有的人看不见。看不见的人也不一定是坏人。相反,他还可能古道热肠,在生活中是个热心人。

我有一个关系很好的朋友,经常和她分享自己做手账的快乐和心得,她也由此产生了兴趣,想亲自动手尝试一下。但是因为刚刚入门还不擅长排版和绘图,有时候她会让我发一些我做得比较好看的排版给她做参考。但我发现每次她关注的不仅仅是排版和布局,还会将图片放大非常仔细地看我写的手账里的具体内容,并用带着一点儿调侃和玩笑的语气进行评价,比如,"这也太扯了,这种事你也往本上写"等,这让我很不舒服。后来有一次在她写完手账跟我分享的时候,我认为表达自己边界的时刻来了!我要明确又委婉地告诉她我真的不喜欢她的一些做法!于是我主动对她说:"其实你平时跟我分享手账,我都只看排版从不看内容,因为我觉得日记是你的隐私,看别人的日记不好。"(是真的,我从来不看她写的内容。)但没想到她竟然跟我说:"哎呀没事!看就看呗,我无所谓,不怪你。"

要不是有很多年的感情基础和彼此了解,让我知道她的确没有别的想法,单纯只是没有意识到这件事情需要的边界感和对我的重要性,否则很可能我们之间的关系就会因为这件小事变淡了。而我之所以愿意把自己真实的想法告诉她也是希望当她下一次再遇到这样的情况时,可以有更多的认识和思考。很多时候,所谓的边界感并非先天就可以拥有,而是要经过后天的引导和培养才能逐渐建立。

现实生活中,我们从小接受的教育不是建立边界,而是"我是为你好,所以我可以干涉你的决定""我是你的好朋友,所以我们应该无话不谈"。直到随着我们的阅历增长和自我意识的日渐成熟,才慢慢感知到了人与人相处需要一些分寸和尊重。

熟悉的人都知道,我的性格比较大大咧咧,小时候和好朋友在一起更是没有顾忌,有什么说什么,根本没有任何边界的意识。直到上了大学,读了很多书,朋友之间的交流分享也不再只是小时候的一起吃东西、一起聊影视八卦,有了更多也更丰富的内容,才对人与人之间的关系有了更多的认识和思考,才会发现即使是再亲密的关系也不可以代替别人做决定。

正因为边界感是一道隐形的线，所以偶尔会需要我们向对方予以提示或者给出更明确的信号。除了故意为之，有时候有些人只是没有了解清晰的准则，没有发现自己的行为会给别人造成困扰，如果遇到这种情况，就需要感觉被越界的一方主动表达自己的感受。

有一次，一个朋友来北京玩儿，我开车去机场接他。上车后他问我："我现在想抽根烟，可以吗？"我当时内心的真实想法是不可以，但犹豫了一下，想着只抽一根的话也无所谓，就没有拒绝朋友："行，你抽吧。"令我始料未及的是，他不是只抽一根，而是抽了一路。第二天车里还能闻到很浓重的烟味。为此我特别后悔，除了这件事本身，更多的是因为自己没有交代清楚自己的原则和界限。

也是这件事让我明白，对于心中有了答案的事，一定要给出明确的回复，不要让别人有模糊的概念和错觉。我们在告知对方的时候也要使用一些让对方更易于接受的委婉措辞，因为边界意识只是我们守护自我领地的哨子，不应该成为伤害他人的武器。

当然，有时在特定的场景下，对方可能也意识不到自己的行为已经越界。比如，我背了一个新包去公司，有人夸包包好看，我也想主动分享，于是大家拿着包包观察外形，动手触摸包包的皮料质感，这些都很正常，但是我无法接受有人私自打开包翻里面的东西。因为这已经超越了分享的界限，变成了一种对隐私的冒犯。

往往我们在面对陌生人的时候，是可以把握分寸的，但是一旦面对特别亲密的人，反而容易失控，把最伤人的话说给了最亲近的人听，把口无遮拦当成真性情，把干涉对方的决定看成检验亲密感的证明，这样做能带来的最直接也是唯一的后果就是把这段感情变得千疮百孔。

一个人是不可能永远期待着从别人身上得到救赎的，能给自己帮助的只有自己。要去沉淀、去成长、去完善，而不是把所有的不成熟都袒露出来，或者把所有不确定的问题都抛向别人，这是某种程度上的勒索和绑架。

又如生活中经常遇到好朋友找自己吐槽另一半的情况，恨不得一口气收到200条60秒的语音轰炸，那此时作为一个称职的朋友，必定要坚定立场，替自己的朋友打抱不平，帮着她一起发泄情绪，于是抱头痛哭，指责对方的问题，发誓这辈子再也不要和这个人在一起，但是第二天朋友两个人又和好如初了，只剩下你一个人在风中尴尬。因此再遇到这样的情况，我们真心希望要倾诉的一方一定要明确好自己的需求，究竟是彻底分手想听旁观者对这段感情的中肯建议，还是两个人吵了一架自己受了委屈仅仅希望得到好朋友的陪伴和安慰。只有把需求说清楚，作为朋友才能提供最有价值的陪伴，也才不会让双方在大哭过后面对不必要的尴尬和麻烦。

如果让我给边界下一个简单直接的定义，我觉得可以是：尊重别人，也尊重自己。

去吧，去建立自己的边界，也找到属于自我的世界。

3

花钱、攒钱的那些事儿

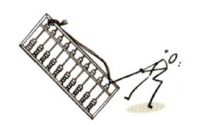

真想要还是虚荣心作怪

有位女作家说过:"精致的生活首先是清醒的,不是懵懂的,即意识到自身存在的;其次是和平的,不是不安的;再次是喜乐的,不是痛苦的。"对于更精致更美好生活的追求和向往,是人类能够不断进步的源动力,当然是值得鼓励的,但是如果在这个过程中忽视了自己内心的真实感受,一味沉迷消费、享受和攀比,则是万万不可取的。

享受消费带来的便利和快乐是每个人的权利,但是如果忽略了自身的客观实际以及真实需求,对于一件物品的喜爱只是单纯因为别人已经拥有或者把它当作一种身份的象征,那么这就已经超出了正常的需求范畴,需要我们保持高度警惕。

买东西前要学会多做功课,货比三家,尽可能地多了解品牌、质量、性能。其实在收集资料、搜索页面的时候,我们也能感觉到一种类似逛街的快乐，一页一页翻过去，那些琳琅满目的商品和评价区的买家秀，都可以帮我们做一些参考，只要能沉住气别着急，耐着性子慢慢对比，总能在一堆想要的东西里找到真正适合自己的那一个。

但如果分不清自己是不是出于虚荣心理产生的购物欲望，我建议还是不要因为购买某件物品而透支自己的未来，要做自己能力范围内的决定。

就像很多人踏入职场后，都会纠结一个问题——到底要不要买个奢侈品包包？如果此时的你还需要依靠家里提供生活花销，或单纯只是因为别人都有而自己没有，那么我真的不赞成你购买。因为你还没有经济独立，也没有体会过赚钱的辛苦，超前消费只能暂时缓解你的购买欲望，没准还会让这个欲望越来越多，除此之外其实并不能带给你更多本该拥有的快乐。也坚决不要为自己的虚荣心找借口。比如，刷信用卡买了块高档手表，是为了让新同事觉得自己很有品位，从而能很快融入新的公司。又或者买了限量版的包包，是为谈客户的时候让对方觉得自己很有实力，值得被信任等。但其实冷静想想，那些所谓的借口大多都是自以为是的幻想，现实生活中还是存在很多变数的，所以还是脚踏实地一步一个脚印地往前走，这样未来的机会和收获都会水到渠成。不要让那些提前消费变成自己日后生活的枷锁，真的会得不偿失。

而且，如果有人因为你买得起某些奢侈品而羡慕你，那也只是一种廉价的羡慕和无知的追捧，对方今天能因此羡慕你，明天就有可能因为你买不起更加昂贵的奢侈品而贬低你。我们对一个人的评价其实是一个综合的系统，会通过他的言谈举止、处事方式、工作能力等维度的呈现形成更加多元和全面的认识，不会因为谁背了一个名牌包或者戴了一块昂贵的表就高看一眼。

还有一种明显被虚荣心迷惑的行为，就是花钱买假奢侈品。我几年前在自己的视频里说过，刚刚到北京的时候周围的人大部分都会背奢侈品包，虽然现在想起来真假难辨，但那个时候的我真的非常羡慕，每天都希望自己也可以拥有。但当时我的收入有限，索性咬咬牙买了只盗版小香风包包。可拿到手以后我发现自己根本不敢背出门，心里一直有很多担忧和害怕。第一，担心别人发现这是一只假包；第二，担心别人认定我是一个十足虚荣的女生，打肿脸充胖子。而这个印象一旦形成，后续就要花百倍、千倍的时间和努力才能扭转。从那之后，我就意识到如果有想买的款式或品牌，就要通过努力赚钱来为这份喜欢和设计去买单，既是对原创的尊重，也是对自己的尊重。现在也会时常想起以前那个傻傻的自己，但人无完人，我们生来都需要一路看一路学一路成长的，做过的错事，不丢人。不改正还找借口，才丢人。

购物本身没有任何问题，甚至在我们的生活中根本就离不开购物，只不过我们要明确自己的需求，知道哪些可以买，哪些可以不买，以及在拥有不同消费能力的时候，我们要学会如何平衡自己的需求。就像随着年龄的增长，我发现一个人20岁和30岁要购买的东西是不一样的。比如，20岁的时候可以为幸福感买单，30岁的

时候更需要为品质感付费。

20岁的时候，还在读大学，基本生活的开销还是要依靠家里，手里未必会有非常多的零花钱，这时候用一些简单实惠的小物件就很重要，比如饰品、配饰、解压娃娃、香薰蜡烛等都是一些不错的选择，既不会有太大的花销，也可以增强幸福感！而且，20岁的时候，自身的皮肤状态和修复机能都是非常好的，也不需要使用昂贵的护肤品或化妆品，百元内简简单单的就好，轻松出门！毕竟过早地使用贵妇品牌，反而会让皮肤营养过剩。

30岁以后，其实可以在消费观上更加务实，走品质路线。一套可以抗老的护肤品、一件加厚且有质感的羊绒大衣，甚至一套丝滑无比的床品，都能让人在这个年纪拥有极大的舒适度和满足感，因为这个阶段已经没有太多的时间经常更新花样了，反而好的品质经得住岁月的打磨，时间越久才会有味道。

无论如何，理性的消费是在为想要和需要买单，只是我们所处的人生阶段不同，对它们的理解也就会有所不同。但显然虚荣心不在理性思考的范围之内，早一天告别伪精致，也就能早一天体验真快乐。

什么是贵，什么是便宜

很多人听到这个问题的第一反应都是，这也太简单了吧，怎么会有人连什么是贵什么是便宜都不知道呢！然而事实是很多人分不清其中的区别。

我始终相信，表面的价格不是判断商品价值的唯一标准。如果一个东西价格很低，但我们平常根本用不到，那么买了就等于浪费，这就叫贵。如果一个东西价格很高，但质量很好，利用率非常高，那么它就属于物超所值，这就算便宜。所以，贵和便宜始终是一个相对的概念，需要我们擦亮眼睛，学会根据不同的情况做具体的分析。

以前我买过很多超级便宜的衣服，大部分一件才 9.9 元或 19.9 元，买的时候觉得太便宜了！既满足了我的购物欲，又不会觉得心疼，还可以每天变着花样去搭配。而且我还发现这些衣服都有一个共同的特性，就是商品主页上会写着"基础、百搭"的字样，让人相信只要买到就是赚到。但实际上，百搭恰恰是消费主义最大的一个陷阱。商家口中的百搭约等于白搭，因为大部分普通消费者其实根本不知道如何搭配，比如我。并且这类衣服的面料很差，搭配任何衣服都会显得廉价，再百搭的版型也弥补不了品质上的低劣。当掉进这种陷阱后，即使后面想退货，但邮费甚至都可能比衣服的价格还贵，所以只能打消念头，最后让这类衣服砸在自己手里。

我在买这些无用且廉价的衣服时通常是感觉不到心疼的，甚至自以为并没有花多少钱，殊不知积少成多，聚沙成塔，这些看似不起眼的花销积累到一起的结果往往非常惊人。半年前我在家准备来个断舍离！把平时不用不穿的东西都扔掉，省得堆在家里占地方，结果整理的过程中发现家里那些掉进"陷阱"里的廉价又难看的衣服加起来总花销居然超过了 10000 元！太让我震惊了！这些钱足够买一个入门级别的大牌包包，而且就算以后不想背了，也能通过二手店卖掉，总不会像现在这样，眼前只有一堆没人要的破烂。

而对于那些贵的东西，我们也非常容易陷入一个误区，那就是不舍得使用，潜意识里会隐隐觉得自己不配。或者担心以后无法再拥有。千万不要有这种想法，因为所有物品只有在被人使用时才能拥有价值。

四年前我用创业后赚到的第一桶金买了一个挺贵的包包，但我从来没有背过它出门，生怕一不小心它就会被弄脏或者刮破。我还

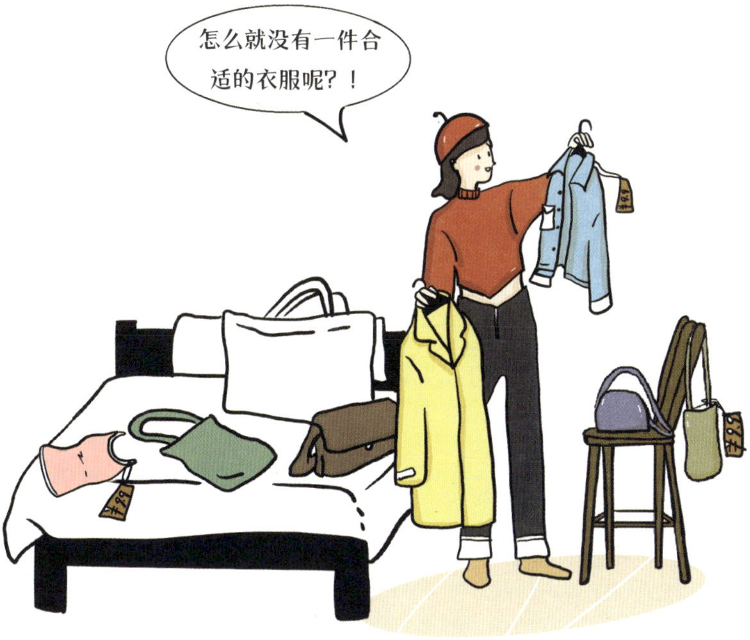
怎么就没有一件合
适的衣服呢？！

把它放在家里柜子的最里面，常常每隔几天过去看一眼，特别怕长期不使用这个包会发霉、受潮、变形。明明是花钱买快乐，却变成了花钱添烦恼。一年后我还是把它低价卖掉了，它只是在我的家里短暂地住了一年，我却从来不曾真正地拥有过它。明明是想奖励努力工作的自己，却无形当中给自己增加了一份压力。

后来我发现，我的这种心态并不是个例，身边很多人都会有这样的想法，似乎给自己使用贵的、好的东西就会有一种负罪感，总感觉自己不配拥有。我们天天喊着要掌控自己的生活，如果连物品都掌控不了，又何谈其他呢？所以，我不停地告诉自己，你值得拥有现在的一切。鼓励自己去感受生活，体验物品带来的价值。现在的我经常把一些非常喜欢的物品从刚开始的崭新用到现在的破破烂烂，那些看起来最旧的往往也是我最喜欢的。不再因为它出现了划痕而感到沮丧，反而知道这些都是它陪伴过我的痕迹和见证。一件物品不管是贵还是便宜，敢于使用才能真正拥有。而且，在我真的舍得使用好的物品之后，才发现它们也能帮自己增长见识、开阔眼界。

我们要慢慢形成自己对贵和便宜的概念，并可以总结出一些自己的购物心得。像我现在在买东西的时候会有自己的一套标准，比如眼影、睫毛膏、眉笔等天天使用但只在脸上停留一段时间的物品，我会选相对便宜的。而眼镜、配饰等经常换款式的东西，我则更看重性价比，如果是包包、鞋子、衣服等大件物品，我愿意买贵一些、好一些的。有时候一件版型、剪裁都非常得体的白色羊绒大衣，虽然价格比普通大衣贵,但穿个五年十年不成问题,综合看来非常值得入手。

贵或便宜,不要囿于简单的数字,还是要通过实践和思考得到适合自己的答案。这是一笔账,需要好好想想。

别被场景和功能迷惑

每次看着那些商品页面的介绍信息，你是否已经在头脑里想象出了自己正在使用时的场景？如果你问我，答案是肯定的。事实上，我已经无数次为自己想象中的场景买过单了。相信一定有很多人和曾经的我一样，不仅会为自己想象中的未来场景花钱，还会在商家营造的场景氛围中失去应有的判断。

举个特别简单的小例子，当有人决定减肥，他最先做的第一件事不是去健身房或者制订减肥计划，而是购买一套崭新的运动装备。躺在沙发上刷着手机，看着宣传页中挥汗如雨的模特，脑海中想象着自己运动的场景，然后开始为这份想象激情下单，仿佛只要和模特穿着一样的服装，拿着一样的器械就能拥有同样的身材，感觉花了钱自己的减肥目标就已经实现了一大半。或者说，不是在为运动装备花钱，而是在为想象中减肥成功的自己花钱。这真的是一种非常可怕的由于

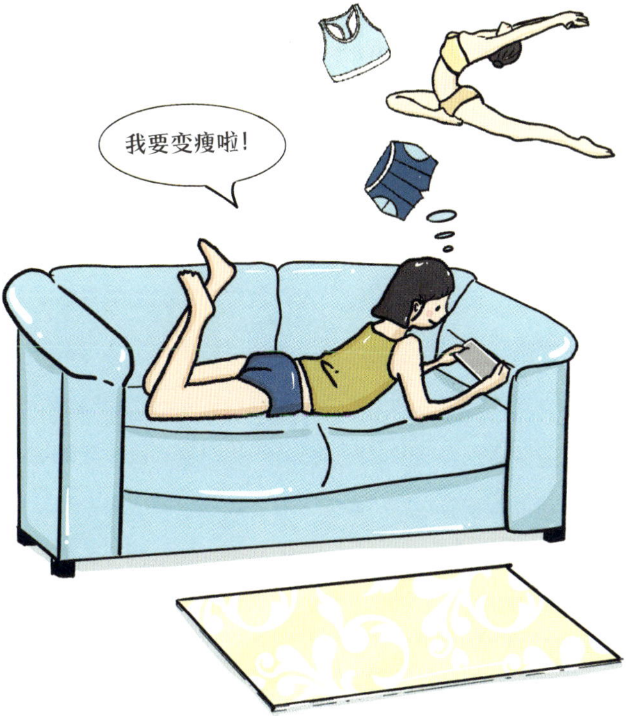
我要变瘦啦!

想象而衍生的冲动消费。

再来聊一聊商家营造的消费氛围和场景这件事，这是商品里最常见的一种现象，**因为商家们最擅长的一门必修课就是，想尽一些办法让消费者消费——如果没有需求就创造需求，没有节日就发明节日。**一些专业的商家还会模拟自己目标群体的购买场景、使用想像场景和体验场景，然后根据产品的特性搭建出适合的氛围，让消费者在想象和体验的过程中感觉自己真的很需要它，而眼前的这款商品也如同量身定制。

比如，近几年特别流行小家电，包括各种多功能的早餐机、小容量烤箱、小煎锅，它们精准对应的消费场景就是一个人也要好好吃饭，给人一种只要使用这些小家电就可以轻松完成一顿精致早餐的感觉。可现实中真正喜欢做早餐的人，不用这些产品也能轻松解决一顿早餐，而那些不喜欢做早餐的人即便购买了网红小家电，在新鲜感消退后还是会重回排队买早点的队伍中。预设的场景并不能带来想象中的生活，这一点一定要想清楚，弄明白。

此外，日常生活中我们经常听到的一种推销话术是，导购员在推销产品的时候给出特定的场景。有一次我在逛街的时候看到了一件特别漂亮的礼服，很是心动，但是并没有一定下单的欲望。这时候导购小姐走过来说："女士，这件衣服特别适合出席年会那样的正式场合，剪裁得体大方，面料质感高级，也很衬您的肤色和气质。平时如果参加一些重要的活动也完全合适，况且不穿的时候放在柜子里也很好保存，经典款不会过时的。真的值得投资入手一件。"

听完她的介绍，我鬼使神差地相信自己真的有必要购置一件华丽的礼服，当场就下了单。但实际上每年的年会只有一次，所谓的重要场合，大多数我也会穿西装低调出席，在这种完全没有必要购买的情况下，我也确实掉进了场景的坑里。

后来，我开始学会转换视角看问题，虽然商家只是给出几个固定的场景，但是我会把它转化成生活中最常见的场景，然后确认是否能够匹配。比如，在买一件衣服时，即使商品页面呈现出来了具体的场景，但我还是会问自己，上班的时候能不能穿？素颜的时候能不能驾驭？和自己的包包、鞋子能不能搭配，等等。有时候只需要简单调整一下适用场景，我们就可以有效避免一部分消费陷阱，帮自己节省下一笔开支。

其实，最容易被人忽略的购物场景就是各种各样的购物节。购物节的关键词就是便宜、省钱，因此很多人都会选择在这个时间节点囤货，时刻关注商家和平台推出的满减活动，充分相信优惠力度如此大，不多买就亏大了。不可否认有些产品是真的会比活动前便宜很多，但是也有一些商家会悄悄恢复原价或者调高价格后再参加满减，仔细计算的话，价格跟平时几乎相差无几。即使真的有幸占到了便宜，也一定要留意生产日期，像我之前就为了"双十一"图便宜囤了两瓶某大牌的精华，结果快一年了还没有用完，最后一看竟然过期了！明明想着省钱，实际上却亏了钱。还有很多时候我们往往会为了凑单多买一两件产品，凑够满减的那一刻会感觉自己白赚了几十块，但等真拿到凑单产品后，又忍不住发出一句灵魂拷问——我真的需要它吗？如果不买是不是才叫真正意义上的省钱呢？凑单来的商品大多数都宛如一根鸡肋，食之无味，弃之可惜。这笔账算下来，消费者不仅没有薅到羊毛，反而变成了贡献羊毛的那只羊。

现在咱们既然知道了有些场景是坑，那就必须想办法跳过去。赚钱都不容易，所以花钱也不要太随意。靠清醒和理智省下的每一笔钱，都等于重新赚回到自己的口袋里。

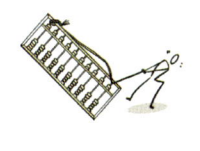

那些我踩过的坑，你别踩

作为一个有着十几年资深网上冲浪购物经验的选手，在买东西这件事上，我实在是有太多话想说了，总结出来的经验和教训可以写满一本小册子，甚至有一段时间，我真心觉得自己已经把商家设置的每一个消费陷阱都精准地踩过了。因此，那些我深一脚浅一脚踩过的坑，现在都为大家一一填上。前车可鉴，字字用心，减少踩坑，人人有责。

第一，别被所谓的多功能骗了。

不知道从什么时候开始，很多产品的主打宣传语都变成了所谓的"多功能"，比如厨房蒸烤一体机、多功能电饭煲、多功能料理锅等，听起来特别智能，感觉我们用最少的钱获得了最大的价值，好像任何产品如果只具备一项功用连自己都会不好意思，商家卷成了这样，消费者真的享受到便利了吗？我觉得不见得，甚至很多时候反而把简单的事情搞复杂了，与其增加一些不实用的功能，不如真正花心思提升品质。

如果你想要买一款产品，先考虑清楚自己最需要它具备什么功能。比如，需要一台扫地机器人，那对它的基础要求就是清洁力强，不留死角同时充电方便且续航时间够久，至于它是不是高科技手段、镜面抛光能不能播放音乐其实并没有那么重要。否则非常容易被眼花缭乱的信息所迷惑，盲目或冲动消费。

一句话总结：不要为多功能买单，要为自己的需求买单。至于什么是真正的需求，我自己总结的判断标准是：**实用 + 常用**。实用是指产品的功能足够实用，能够真正解决自己的实际问题。常用也很好理解，就是对产品的使用频次，如果能达到每天或每周使用就可以算作常用。所以要时刻牢记，家不是储藏间，面对一切可有可无的产品，一定要冷静。

第二，过于便宜也是一种消费陷阱。

老话讲，喜欢贪便宜的人往往更容易吃亏，这句话是有一定道理的。很多时候，越是遇到非常便宜的价格，我们就越应该提高警惕，一方面要确认物品的质量是否合格，另一方面切忌冲动下单，造成物品的积压和浪费。还是那句话：积少成多也是一笔不小的开支。

现在很多人会趁着"6·18""双十一"囤积大量的生活用品，比如卫生纸、油、面等，一次性买上半年或一年的用量，总觉得以后一定用得上。但是大量的卫生纸堆放在家里不仅占了很大的空间，也容易受潮，同样会造成浪费。所以真心建议大家在囤积物品的时候要理性，不要因为一时的便宜而算了糊涂账。

还有的时候便宜恰恰是商家的套路，我们都买过那种几十块一大包的套装礼包，比如厨房用具、抹布手套、干果零食、巧克力饼干等，种类繁多，不计其数。商家推销的时候会重点宣传里面有十几种不同口味或功能，加在一起是最优惠的组合搭配，努力营造出了一种买到就是赚到的错觉。但实际上，买回来之后你往往会发现自己真正需要的可能只有其中几种，剩下的部分很有可能都是平时卖不动的类型，最后也坏掉了。而如果我们一开始就用买大礼包的钱去买自己需要的东西其实可以买到更多。所以，套装礼包这样的便宜不是真正的便宜，只是诱惑大家下单的幌子，一定要学会擦亮双眼。

第三，不要轻易听从他人的建议。

你是不是也遇到过这样的情况，明明没有购物的计划，只是出门遛个弯，就在别人的劝说下买了一堆原本自己并不需要的东西？

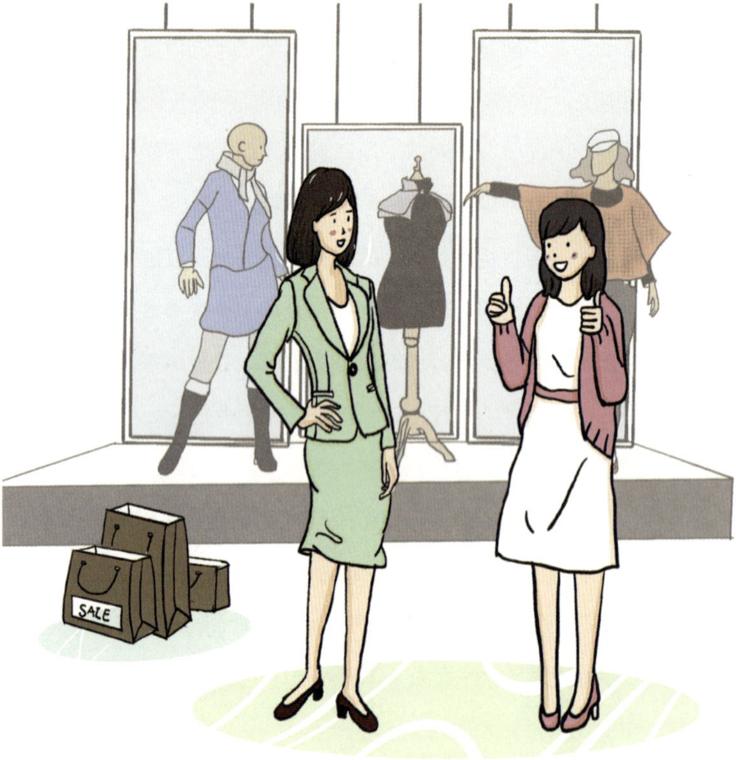
SALE

是不是也在商场的美妆柜台或服装店听到过导购小姐说这样的话："这只口红的色号真的太适合你了，显得你的气色特别好！""这款粉底的遮瑕能力特别强，还不卡粉，今天打折，店里只剩最后一瓶了！""您真有眼光，这条裙子是我们家的最新款，和您的肤色气质都特别搭！"是不是听着听着就心动了？或者干脆脸皮薄，明明心里不想买，但不好意思拒绝别人的推荐，只好掏钱。

遇到类似的情况，我们还是要学会耳根子硬一点！钱是要花在刀刃上的，这个刀刃就是自己真正需要和喜欢，而不是别人的一句随口建议。我本人的方法是：直接装听不到，目不斜视，遇到不需要的直接摇头，甚至不用说话，时刻坚守自己内心的想法！不做消费陷阱的奴隶！

第四，不要轻易充值或办会员卡。

我平时真的很不喜欢充值或者办卡，就算是美甲店、美容美发店这种会经常光顾的门店，我也不会轻易接受商家这样的请求。除了新闻报道中经常看到的，商家倒闭或者跑路后因为拿不回已充值的费用而造成损失，还有一个小的原因是通常充值或办完卡后很难随意更换，如果店家开始以劣充优或者服务质量下降，消费者真的很难维权。我觉得去一次花钱享受一次的服务就足够了，这样每一次都是钱货两讫，彼此放心。毕竟很多时候钱进了商家口袋，主导权就再不属于消费者了。这里不是指所有商家，而是那些不了解或没有建立起信任的店铺，我们应该保持警惕。

  当然，再聪明的人也不可能避开人生所有的坑，懂得吸取和总结经验教训，是非常必要的，它可以让我们不会在同一个地方摔倒两次。

贵一点，值一点

生活中从来都不缺少美，而是缺少发现美的眼睛；从来不缺少幸福，而是缺少一颗愿意感受幸福的心。只要我们不把幸福的门槛定得过高，就不会把无数生活中的小确幸拦在门外。我们不要为虚荣心买单，但可以为幸福感多花一点钱！

有些人其实具备一定的消费能力，但特别喜欢在一些原本就不是大开销的生活物品上省钱买便宜货，对于这一点，我是不赞同的。相反，我更愿意在紧张的生活中，为购置增强幸福感的日常好物多花一点时间和金钱。一个人喜欢在自己的能力范围之内为生活营造仪式感，绝不是矫情，而是懂得如何挖掘生活中微小而细节的浪漫！

忙碌了一天回到家中更需要打造舒适且幸福的环境来让自己的身心放松，很多看似不起眼却每天都会用到的东西，更容易为我们营造出舒服的氛围。因此，选择让自己幸福的物品是非常有必要的，分享几种为我的生活提升了幸福感的好物！（不一定适合所有人。）

全自动马桶

是的，你没看错！最能带给我无限幸福感的就是智能马桶！它是我们每天都要用到多次的家居物品，实用性和高使用频率都占了，并且现在一个全自动的马桶也不会比普通马桶贵多少，索性一步到位，绝对可以算是入股不亏。首先它会有自动开盖和用完自动关盖的功能，非常方便。其次还可以加热，尤其是冬天的时候，这种幸福感是必不可缺的。还有的可以自动深度清洁，节省了很多刷马桶的时间，方便、卫生、清洁、幸福感、仪式感样样俱全。每次上厕所都从心里感叹：我对自己真好！哈哈！

好用的吸尘器

舛田光洋在《扫除力》中说："你的人生其实就像你自己的房间。如果你的房间脏乱不堪的话，很遗憾地告诉你，你的好运气都会溜走。"及时清扫和整理房间比我们想象中要重要得多，只有在整洁的环境中，我们才会感受到自己的生活是可控的，是有空间和余地的，是可以让自己更清爽地放松和有创造思想的。

一款好用的吸尘器能大大减轻我们日常清扫的负担，帮我们守护健康的生活环境。但是价格过于便宜的吸尘器，往往要么吸力不足，要么噪声很大，要么续航时间非常短，总是还没清洁完就又该充电了。很影响使用时候的心情和体验，其实可以稍微多投资一些钱买一款相对好的吸尘器，既能吸尘又能除螨，售后服务也有保障！

自动感应洗手液机

这几年，由于大环境的影响，我们已经越来越关注个人卫生的防护。随时洗手消毒也成了默认的共识。这时候，自动感应洗手液机简直就是懒人的福音，可以让频繁地消毒洗手变得更加轻松！

每次洗手的时候，把手伸过去，咔，出泡了，不用和机身接触，可以更好地避免交叉感染，既方便又卫生，在家仿佛也可以体验五星级酒店品质的服务。我感觉自从家里有了它，自己都变得比以前更爱洗手了。

高级香水

所谓闻香识人，是有道理的。一瓶适合自己的香水既能展示一个人的品位，也能让人心情愉悦。香水的使用场景很多，不一定只有出门约会的时候才要喷一喷。

完全可以把它当成装饰生活的"神器"，比如我很喜欢把香水滴在墨水里，这样写出来的字都是香的，还会给布娃娃喷上适合的香水，抱起来的时候会感觉非常治愈。当然，也有人喜欢睡觉的时候在枕头上喷一些淡淡的香水，以便更好地进入放松状态，仿佛连梦都是香甜的！

家是一个可以安放肉体与灵魂的空间。这些稍贵一些的日常物品，带来的不仅仅是便利，还有无处不在的幸福感！或许只是贵了一点点，但营造出来的氛围还有提供给我们的功能价值和情绪价值远远不止眼前的这一点点。

攒钱的逻辑

印象中,我人生第一笔可以自由支配的钱是初中在外读书时我妈给的生活费。虽然小时候每年过年的时候都会收到压岁的红包,但和绝大多数家庭一样,最后都会被父母以类似"帮你保管"这样善意的理由收走。每次从妈妈那里拿到生活费的时候,她都会反复嘱咐,大人赚钱非常不容易,每一张钱上都有非常多的汗水,如果不努力出人头地就对不起大人的付出,到时候所有人都会瞧不起我们,看我们家的笑话,等等。

其实我能理解母亲的苦心,她省吃俭用供我读书,不希望我养成大手大脚乱花钱的坏习惯,可是这让我每次花钱的时候都带着严重的愧疚感,感觉自己不该买也不配用更好的东西。

我开始产生攒钱和赚钱的概念,都是从花钱开始的。其实,大部分人最开始都是先享受花钱的快乐,然后发现没钱的窘迫,进而意识到攒钱的重要性。这几个不同的阶段是我们的必经之路。比如，我刚拿到生活费的时候根本不知道如何安排和掌控，我经常会去学校里的小食堂用餐，那里的环境比大食堂要好很多，不管是装修还是菜品都更高档，坐在那里吃饭连虚荣心都得到了满足！感觉倍儿有面子。对于普通的学生党来说，偶尔去打打牙祭没关系，但是经常去吃就会快速消耗掉金额固定的生活费，让自己后半个月的生活捉襟见肘。从那之后，我开始设定自己每周的固定花销，计划好每天可支出的金额，慢慢摸索出了适合自己的消费节奏。

虽然那次超支导致没钱的困窘经历让我十分难忘，但是真正促使我生出想要自己赚钱的想法还是因为向我妈伸手要钱时的艰难，每一次都要鼓起好大的勇气做很久的心理建设，要听她讲很多关于赚钱辛苦要仔细着花的叮嘱，要反复解释自己每一项大型花销的动机和目的，最终也不一定都会得到理解。那个时候我就在想，一定要自己赚钱、攒钱，要自己有能力去做那些想做的事。

关于赚钱，我觉得大部分人 30 岁之前的赚钱途径主要源于一份稳定的工作。所以，想赚钱就一定要好好考虑自己的职业选择和方向。一方面要评估自己的性格、能力、爱好，选择一个适合且能最大限度发挥自己能力的行业；另一方面也要考虑所选行业的整体薪资水平和发展前景，只有提前了解和掌握尽可能多的信息，才能在做选择和判断的时候更有抓手、不盲目，才更有可能找到一份心仪的工作。这份工作是养活自己和家人的基础，也是自己人生起步的第一块砖头。

虽然年轻人刚工作的时候不可能有特别高的收入,但是一定要有攒钱的意识!如果毫不在意生活中的琐碎开销,或者总是无节制地消费,很容易就会成为"月光族",前者属于积少成多,滴水成河,后者则是泥沙俱下,挥霍无度,都不是好的消费习惯。

我觉得大家决定攒钱的时候,也要改掉学生时代养成的省钱习惯,别总想着靠省钱攒钱,攒不是抠,节流是一种方法,但更重要的是开源。只有赚得更多,才能攒到更多,千万别因为惯性而局限了思维。要打开格局,创造更多的可能,才会让自己变得更有价值,越来越好。

我之前遇到一个工作能力很优秀的女孩,她所在的项目组组长离职后,公司想提升她成为新的负责人,同时薪酬上也会上一个台阶。但她拒绝了这个机会,一方面是不想承担更多的责任;另一方面是满足于当下的状况。可是等她想换租一个更大、更舒服的房子时突然开始后悔之前的决定。我们赚钱的目的是让自己活得更好,如果有可以凭实力赚钱的机会,当然要牢牢抓住。

可以说,赚钱靠能力,攒钱凭本事,且是一种每个人都应该修炼的本事,因为只有学会攒钱我们才能慢慢积累甚至守住财富,拥有足够的抗风险能力,让自己将来的人生拥有更多的可能性。

不过,有些想攒钱的人会有一个共同的困扰,应该先竭尽所能地攒钱还是可以花一部分钱用来投资,提升自己赚钱的能力?我觉得,可以先梳理清楚自己的需求比例,再做好现有资源的分配。我们可以把日常花销剩余的钱分成两份,一份存起来,另一份用于投资自己，无论是报一些学习课程还是定期做护肤美容，这些都属于让自己变得更好的长线投资，会在未来产生更多的回报。当然具体两份钱的金额划分可以因人而异，因时间而异。

还有些人一旦开始决定攒钱，就一点都不舍得花钱或者买了东西也不舍得用，这是非常不可取的。我生活当中见过一个人，她曾踩中行业发展的风口，短时间内赚到了很多钱，但是她没把这些钱合理地花在自己身上。既没有投资自己，也没去拓宽眼界，思维慢慢固化，逐渐跟不上瞬息万变的时代了。我觉得她很可惜，明明有赚钱的能力，却没有与之匹配的头脑，没能抓住向上的机会继续改变命运。这世界上唯一不变的就是变化，导致她一步没跟上，步步跟不上。我觉得攒钱不是画地为牢，能把钱花出水平和价值，也是每个人应该尝试和学习的事。

我们要做的是找出一个让自己能够接受的平衡点，因为无论赚钱还是攒钱都是为了拥有更好的生活，如果为了攒钱完全拒绝享受生活的乐趣，也就背离了初衷本末倒置了。

那么，拿固定薪水的上班族该如何攒钱呢？

在我看来，第一步是要学会记账，并拧干生活中的"拿铁因子"。作家兼金融顾问大卫·巴赫曾经讲过这样一个故事：有一对夫妻，每天早上必定喝一杯拿铁咖啡，这看似是一笔很小的花费，但是如果他们省下买咖啡的钱，30年后就会多出70万元的存款！只需要改变一个微小的习惯就能节省出金额非常大的一笔开支，这就是拧干"拿铁因子"的价值！我们现在的生活已经越来越数字化，有很多不同功能的记账类 App 可以选择，或者干脆直接到月末的时候合并微信、支付宝的账单，稍做整理也能让自己当月的花销情况一目了然。我们记账的目的是要知道自己的资金流向，了解自己的消费习惯和消费结构，并最终砍掉那些没有必要的花销。这些非必要的开销就是所谓的"拿铁因子"。不要小看它的影响力。

第二步就要开始攒钱了！每个人都有属于自己的小妙招和小秘诀，在这里和大家分享一个我读大学时候用过的小方法，虽然看起来稍微有点儿极端，但效果非常好。那时候我去银行柜台办了一张新卡，从银行出来就用小剪刀把卡剪成了两半，这张卡再也没办法通过自动取款机取款，加上并没有开通网银，所以这张被剪掉的卡就只能存不能取，除非带着一系列的证件再去银行柜台补办。但是对我这种拖延症患者来说，补办的过程可太麻烦了。所以不到万不得已，才不会想着去银行，当时为了能让攒钱多一些乐趣，还特意买了很多打牌时使用的筹码，红红绿绿一大堆，每当攒够一百块存入银行卡，就会在桌子上垒一个筹码，等桌子上的筹码堆得像小山一样高了，我就知道自己已经存了很多很多钱，那真是一种浓得化不开的快乐！而且，为了保证桌子上的筹码不减少，我也会慢慢学着克制自己想消费的欲望，有些根本不需要的东西也不会再乱买了。

现在，我关于攒钱的逻辑也增加了一项新的内容：先为以后的自己存一份钱，再为现在的自己攒更多的钱。在一定意义上这也是我最喜欢的做计划中的一种，未雨绸缪，因为我们谁也不知道未来会有什么样的变化和意外，多一份准备多一份保障，总会更好。

赚钱是一种能力，攒钱是一种意识。这两件事有一个共通的特点，那就是：一点一点为自己建立生活的底气，且越自律越自由！

赚钱是一种能力，攒钱是一种意识。

聊聊理财

《脱口秀大会》第四季中何广智讲过一个经典的段子："你不理财，财不离开你。"好笑，却也心酸，讲透了大部分不懂理财又跟风买股票、基金的普通人，就像一根根新鲜的韭菜，一冒出头就被风云变幻的金融市场收割了。

不知道从什么时候开始，好像开口闭口不谈一句理财，就已经被时代淘汰了一样。理财真正的含义是对财产和债务进行管理，它的目的是保值和增值，核心是风险控制，而盲目追潮流地理财不但不能保值或增值，还有可能血本无归。

坦白地说，我不是一个会理财的人，但我是一个有风险意识的人。而这些风险意识都是从现实生活中那些血淋淋的例子中得来的经验或教训。我们经常在热搜上看到有人因为金融骗局被骗走了大半辈子的积蓄，他们当中绝大多数人都是因为轻信了骗子承诺的高收益、高回报率。如果一个理财产品或者一个投资项目的回报率远远高于市场同期水平，我们的第一反应不应该是高兴，而是要多几分怀疑和慎重。天上没有掉馅饼的好事，更多是利用普通人的心理弱点和信息差而设计的陷阱。

其实，我们经常在无意识中一脚踩入这样的陷阱，就像很多人喜欢玩抓娃娃机，感觉抓到娃娃的那一刻有不可言喻的兴奋和激动。但我反而更在意自己是否抓到了娃娃这个结果，如果没有抓到，心里就像堵着一口气，马上继续充钱！必须得夹出来才肯罢休！但等熬到最后终于如愿以偿后，又冒出了"花了这么多钱，还不如直接买一个划算"的想法。很多氪金游戏的套路也是如此，激起一个人的挑战欲，只要无法通关便不停地往游戏里充钱，这种非理性的行为中永远掺杂着赌一把的成分。我本身是一个理性的人，不希望自己的情绪被别人操纵，所以对于这种与赌相关的事物总会多几分警惕，也知道这是人性的弱点，所以不想、不看、不琢磨。

另外还是要树立正确的理财观念，不要盲目乐观、盲信盲从，那些真正在投资领域赚到钱的人，要么是对行业有过长期的研究，了解投资理财知识，拥有出色的信息收集和分析能力，能够判断出一家公司或一个行业的发展前景，要么是对人性有着极深的洞察力，情绪稳定，不受一时得失的影响。所以，比如你想要购买一只股票，那么至少要掌握一些基本的相关知识和技能、能够读懂上市公司的财务报表、了解公司的行业发展前景、能进行简单的技术分析，等等。而现实中大部分普通人是不具备这个能力的，想要做的也仅仅

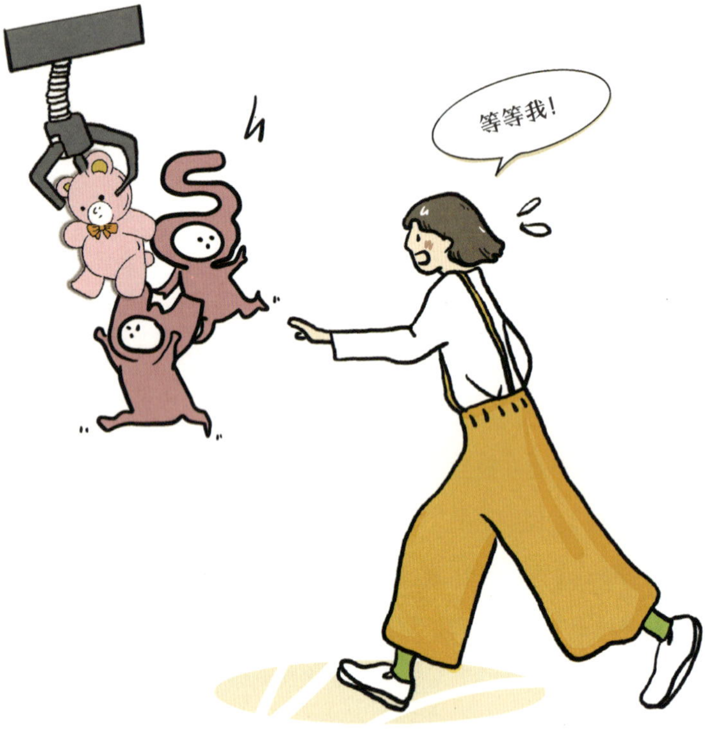
等等我！

是短期投机，可这更考验一个人的运气和能力，没有足够的经验和学识谁又能轻易在随机波动的市场中捕捉到转瞬即逝的机会呢？

理财不等同于买彩票，从来都不是一个没有门槛或者门槛很低的游戏，但却实实在在有很多人就是这么认为的，并且对此深信不疑。

我们必须承认一个事实：一个人的认知程度决定着他的行为高度，没有足够的能力支撑判断，最终只会导致动作变形。永远不要做自己不懂的事情，更不要在自己不懂的事情上有超过正常的期待。

说回我自己，平时我基本会选择把钱存到银行，并且选择最稳妥的储蓄类型，虽然利息低一些，但是能保证本金不受影响。我很清楚自己不是学金融出身，没有相关的专业知识储备，最重要的是我从来不做靠投资赚钱的梦，所以从来不会让自己把所有的希望都寄托在祈求或者赌一场好运上。我只把希望放在自己身上，踏踏实实地做自己生活中的主角。

千万不要漠视风险只看收益，不然很容易摔得头破血流。成年人做事的第一个大忌就是不给自己留余地，让自己没有任何退路。可以理财，但不能盲目，不然你就会像开头段子中说的一样，眼睁睁地看着财离你而去。

相信我，普通人的理财思路最好从自身出发，因为我们没有太多的运作资金，也没有强大的人脉和信息通道，所以最理想的投资方式就是投资自己。比如，从工资中拿出一部分钱学习新的技能或者考取有价值的证书，既可以打通职场的上升渠道，也可以开拓一条新的赚钱路径。这种依附于自身能力的价值，不会随着市场的变动而降低，反而会随着经验的累积而水涨船高。我身边的一位同事就是非常典型的例子，她是财务出身，后来到互联网大厂上班，利用周末的闲暇时间报了视频剪辑的兴趣班，不到一年就熟练地掌握了这项新的技能，不仅在下班后接到了剪辑项目，而且有了额外的收益，还把这项技能运用到自己的本职工作中得以升职加薪，甚至还吸引了很多猎头公司想要高薪把她挖走。当然，更重要的是她整个人的状态和心情都变好了很多。因为拥有了更多的选择权和自主权，人也变得更自信，连皮肤都变得更好了！

　　我们要把主动权掌握在自己手里，而不是交出主动权去赌一场谁也不知道会不会降临的好运气。

人生需要断舍离

整理，不是简单地做一场大扫除，它更像是一场与决策有关的自我成长，我们要在这个过程中不断地做出决定，哪些物品要保留，哪些物品该丢弃，哪些人可以继续交往，哪些人必须果断远离，我们需要对每一个问题进行思考和判断。**真正的断舍离，不是简单地扔掉东西，而是审视自己的生活，整理需求、整理人生、整理那些让人感觉有负担的关系。**

不过很多人并没有真正理解断舍离的含义，只把它当成一股时尚风潮，为了追逐潮流而扔掉一些不需要的东西，根本没有认真思考自己与物品之间的关系，也没有用心了解应该如何断舍离。

整理物品，为生活腾出更多空间

两三年前我才有了断舍离的想法，印象比较深的一次是，我想搭配一套满意的服装造型，但翻遍了衣橱里的上百件衣服却没能找到符合心意的，突然就有些生气，尤其是在翻找的过程中，我发现了很多完全没有穿过的衣服，有的甚至连吊牌都没有拆。

那一刻，这些从没被好好使用的物品在向我传递着一个非常清晰的信号——你买了不该买的东西，花了不该花的钱。当时我便生出了一股强烈的负罪感。我在想，如果自己每天换一套衣服，要花多长时间才能把它们穿个遍？如果全部转卖又会赔多少钱？第一个问题太难了，根本无法实践。而第二个问题则更令人崩溃，按照原价三分之一的价格计算，我也要赔上近万元。无论是哪一种结果都远远超出了我的想象。

我一边整理一边思考如何发挥它们的最大价值，在询问过亲友是否需要后，我决定一部分送人，一部分挂在二手平台卖掉。与此同时，我也开始学着在断舍离的时候进行分析和统计，每扔掉一件物品前，都会先问问自己当下的感受，并按照"要扔掉不再需要的物品，而不是便宜的物品"这一准则来进行。也会回想当初购买的原因，并借此提醒自己同样的情况下次绝不能再犯，这招真的很管用。之所以做统计，就是为了制定下一次的断舍离目标。比如，这一次舍掉的物品总价值大概是 10000 元，那么在下一次断舍离时就要争取让自己舍掉的物品总价值不高于 5000 元。以此类推，在日常生活中时时提醒自己，改正乱买的坏习惯。

如果不整理这些物品，我根本意识不到不是我们在拥有物品，而是物品在侵占我们的生活。

整理人际关系，为自己留出更多时间

其实，我们不仅要整理那些占据了太多生活空间的无用物品，也要整理人生中的那些无用社交。在这个过程中，你会发现一下子多了很多完全属于自己的时间，还能充分利用这些时间去做更多自己真正喜欢的事。

和大家分享一下具体我是如何进行人际关系上的断舍离的，第一种是前面我们说过要主动远离那些充满负能量的人，这样可以保证自己的生活和情绪不被他人影响。第二种是每隔半年我都会整理一次自己的通讯录和朋友圈，删除一些根本不会联系的人。

至于会选择删除哪一类人，我的原则有以下四点：

第一，总在朋友圈骂人的人。

这样的人普遍情绪都不够稳定，或者根本不注意自己的社交形象。我能理解一个人在遇到特别愤慨的事情时会难以自控，口不择言，但这应该是偶发的极端事件。人之所以是高级动物，很大一部分原因就在于应该并且懂得控制自己的情绪，不要自信地认为朋友圈里的所有人都能把这种行为当作"真性情"。

第二，和自己的理念完全相悖的人。

举个例子，我是一个非常喜欢工作的人，这也许跟我自己是个创业者有直接关系，毕竟如果不努力，所有的后果与损失都将由自己承担。平时听到别人提出的意见我都会很高兴，因为无形中能让我节约很多试错的时间成本，也能更好地受到启发，打开思路。但生活中有那么一些人非常难以接受别人和自己的想法不一致，每当听到不同观点第一反应不是思考，而是"杠"，致力于输出无限多的借口来说服对方，以至于把一场简单的友谊讨论变成了一种辩论，这种做法太令人扫兴了。正所谓"道不同，不相为谋"，既然大家的思考方式有如此大的偏差，未来也一定不会有什么交集，结束联系对彼此都好。

第三，经常更换头像和微信名的人。

我很少给人改备注，当然这只是我的个人习惯，所以如果对方总是频繁地更换头像或微信名，对我来说会非常陌生，如果是非常亲密的私人朋友关系还好，但如果是职场上的工作账号，就会给我一种这个人心性不够稳定或者不太可靠的感觉，大概率就会在整理工作联系人的时候被删掉。

第四，没有好产品的销售人员。

我们平时买东西的时候经常会遇到加微信的请求，有时候碍于面子或者需要售后等原因，总会加一些销售人员的联系方式。我并不反感加微信这个行为本身，但是我不喜欢产品不好又喜欢刷屏的人。遇到这种情况，我绝对会毫不犹豫地删掉。

当我们不再把更多的时间花费在无用的社交上，就会发现留给自己的时间更多，留给自己的空间也更大，也会有更多的精力可以用来让自己活得更有质量，更开心。

断舍离是一种生活方式，也是一种人生智慧，它在教我们如何断掉自己多余的欲望，舍弃不需要的物品，离开那些令人烦扰的关系。人生，需要断舍离。

4

把自己变成答案

没人比你更懂自己

普通人感觉痛苦，多半源于不够了解真实的自己，又过分期待想象中的自己，两者无法兼容，便陷入无解的纠结与烦恼！其实，解决这个难题的关键在于，我们要接受客观的自己，再想办法变成期待中的自己！

第一步就很清楚了，我们首先要对自己有一个足够客观的判断，千万不要藏着掖着，要坦诚地把所有优、缺点都亮出来，全方位地审视自己。我给大家推荐一个特别实用的方法，先把一张纸分成四列，第一列写下自己的优点、优势，第二列写下缺点、劣势，第三列写下现状，第四列写下目标和期待。别怕麻烦啊！想清楚再下笔！

我们要接受客观的自己，再想办法变成期待中的自己。

做完这些以后，我发现对自己有了更清晰的认识：性格比较急，有点小暴躁，工作上理性直接，其他部分则全部留给了感性。不熟悉的人会觉得我健谈又搞笑，但私下里特别不喜欢说废话，做什么事都风风火火的。乍一看好像都是缺点，但是真正懂自己的人往往最知道如何"化腐朽为神奇"，即换个角度看问题，能把缺点变成优点！

跑起来，才有风呀！

很多人说，凯毅你不应该这么急的，包括我的心理咨询师都会时常劝我："那么着急干吗呢，太阳每天都照常升起，没有人会因为你的着急而发生转变。"

可我就是个急性子啊，常常觉得火要烧到眉毛了，但这就是我的思考方式，所以我是个超级行动派，工作起来效率奇高！家里什么东西坏了我会马上找人来修，有需要见的人会马上联系，有想去的地方会立刻搜攻略，绝不犹豫。就是不想自己心里一直存着这件事，不想让自己的时间和精力耗费在不断地琢磨和拉扯上。万一被别的事情耽搁了忘记了，再突然想起来的时候那种从心底里散发出来的对自己的失望，可太让人闹心了！

如果我想看某部电影，也会马上买票或打开视频网站。哪怕当时没时间，也会第一时间写在手账上安排好时间。不让一件原本不重要的小事一直在心里记挂着，带给自己很大的心理压力和情绪压力。

因为是急脾气，我也不能接受生活中有事情悬而未决或者得不到明确的回答，甭管事儿能不能成，得有一个反馈和回应！

说出来还挺逗的，这个急还治好了我最耽误事儿的拖延症！因为所有事情都必须马上处理，一秒钟也不能耽误，所以我一天可以完成很多很多事。不是年轻精力旺盛或者有什么独家的时间管理绝招，就是单纯的效率高啊！

人生很短，坦荡一点！

我这个人特别直接，不喜欢猜别人的心思，也不愿让人猜我的心思，有什么问题都直接说出来。我觉得这帮我节省了很多时间，也避免了一些可能出现的误会。

比如我和好朋友相处的时候，从来不会忍着自己的脾气，当然不是无理取闹，而是表达自己最真实的感受。因为彼此足够了解，会非常明白为什么对方这么说这么做。就事论事，反而不会伤感情。

直接的习惯也能帮我在工作中提高效率，不用委婉或迂回，就是在表达需求和解决问题之间打直球，让一切变得无比快捷！但是我大部分的直接是基于对过往经验和工作所处阶段的综合判断，而不是盲目的武断和强势，大家的诉求是为了最终的目标，那么在到达目的地道路的选择上，我比较倾向于"两点之间，线段最短"方式。

不过这种非黑即白的处事方式会让很多人认为少了一些人情味，所以我无师自通了自嘲和自黑的技能，不会让直接沟通真的变成针尖对麦芒，俗称吵架。毫无章法的直接叫低情商，但是增加了沟通技巧的直接就是高质量交流。

再说回我的小暴躁。在大部分人的认知里暴躁是一种负面情绪，可我觉得小小的暴躁并非都是坏处。我从不压抑自己的感受，如果感觉不舒服一定会说出来，每个人尤其是每个女孩一定要学会关注自己的情绪和感受，让情绪有释放的出口，总是闷着不发泄，时间长了真的很容易生病。

我们得在不同的情境中谈忍耐和暴躁，忍耐可以是一种美德，而暴躁也是一种态度。我常分享一些有用的方式解压，比如玩解压玩具、看搞笑的电影、和好朋友倾诉，等等。总之，要对自己好一点，千万不要憋着！

如你所见，我就是这样的性格，我也喜欢自己的性格。我觉得，如果一个人能想办法把所谓的缺点变成优点，并能借此不断地推动自己向上，那就是在想办法靠近期待中的自己。毕竟，客观存在的事实不能轻易抹去，我们能做的就是在这个基础上努力。别去逆转自己，而是要接受和引导自己。这是一个循序渐进的过程，慢慢来，别着急！

不要成为"讨好型人格"

很喜欢一部叫《被嫌弃的松子的一生》的电影,电影里松子的爸爸因为小女儿自幼病弱,总是会格外地偏疼一些,有好东西永远第一个想到小女儿,松子作为家里最大的孩子也想获得关注,便想到了用做鬼脸的方式逗爸爸笑,也因此种下了讨好他人的种子。

长大后松子离开了家,在一所中学当老师,她本应该生活安稳,一切平顺,但是那粒种子已经在她的心里生根发芽,让她在处理学生盗窃问题时选择顶替学生担下了责任,结果不出所料,她不仅没有得到感激,反而被人嫌弃,人生也开始每况愈下,人也越来越被不幸的阴云笼罩。

松子的故事让我很心疼,也让我明白了一个道理:一个人可以善良,可以为他人着想,但是永远不要过分委屈自己。我们要发自内心地重视自我，把自己最真实的感受放在他人的看法与别人的期待前面！永远不要讨好任何人，因为但凡打上"讨好"的烙印，就不可能换来真心的对待和平等的关系！

我发现生活中很多女孩都是讨好型人格，讨好的另一面也就意味着迎合，所以她们做事总以取悦对方为第一标准。我之前遇到过一个女孩，几个相互认识的人经常一起聚餐，每次大家询问她的意见，她都说："随便，都行，我怎么样都可以！听你们的。"好像对所有事情都能全盘接受，后来时间长了大家也就不再问她的想法了。有一次她绷不住了在群里突然哭诉，为什么没有人尊重她，为什么好像所有人都忽视她。大家都有些不知所措，其实不是不尊重，而是她每次都迎合别人的决定，给人营造出了一种她什么都能"凑合"的假象，所以在此之后大家也都逐渐失去了询问的欲望。没有人去刻意忽视她，但是这样的人就是容易被忽视。当问题出现的时候，我们不仅要懂得向外探索原因，也要学会向内寻找答案。

形成这种性格的根本原因其实是没有意识到自己的价值。那些没有找到自我价值源头的人，总是需要从他人的反馈中确认这一点。他们不懂得自我肯定，又常常太轻视自己，唯有从别人的鼓励中汲取一点点能量，每当来自外界的肯定被消耗完，又会不自觉地用讨好换取新一轮的认可，无限循环，不知疲倦。

如果用更通俗的话来形容这种性格就是自卑，因为自卑而从不相信自己有价值。很多人的自卑心理来源于原生家庭的打压教育或成长过程中接收到的外界评价。这些原生的伤无法彻底根除，但随

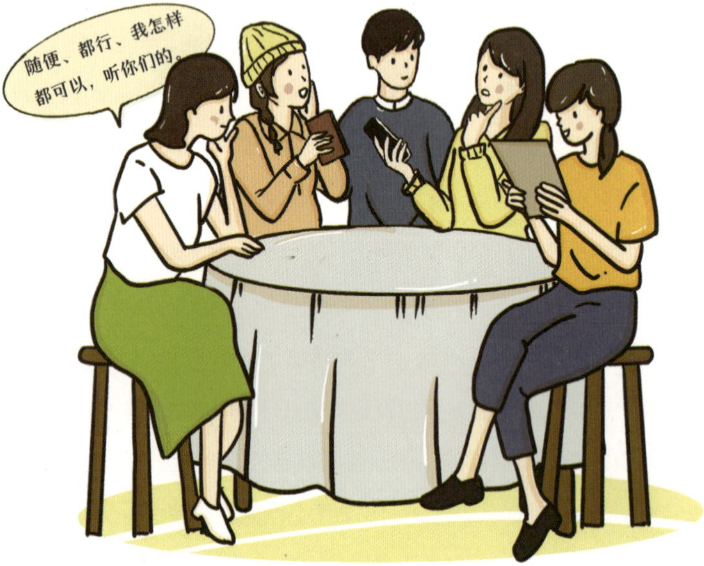
随便、都行、我怎样
都可以，听你们的。

着年龄、眼界和阅历的增加，我们会逐渐形成属于自己的价值体系和评价标准，当然也可以用自己的努力去尝试着走出过去的阴影。

对于那些不知如何处理自己与原生家庭关系的人，我建议他们能在精神上和父母完成一次分离。当然不是说要断绝亲子关系，而是在精神上养育出一个独立的自己。当一个人可以做到这一点，也就可以慢慢地帮自己从过去的阴影中剥离出来，逐渐填补自己内心缺失的部分，从而一点一点变得自信。

当然，从自卑到自信需要一个漫长的过程，慢慢来，别着急，我们最先可以调整的是在跟他人交往时不要用讨好换友情。我们可以先明确自己能为对方提供什么，带来什么，只有想清楚了这一点，确认好自己的定位，自然也会更清楚自己可以做什么以及完成到什么程度。不然我们很可能踩中社交中的雷区，既容易因为没有自己的底线而显得卑微，又容易因为无法长期满足他人的期待而被人欺负！

人和人之间交往当然会有利益和价值的参考，但这里的利益和价值不一定指金钱，它还可以是一种情绪价值或者内心的支撑，等等。所以即使没有人脉资源，但是依然能给对方带去一些正向的影响或者有趣的想法，那你和朋友之间依然可以拥有一段稳定又美好的友情，因为你作为朋友提供的是情绪价值！而且，朋友之间应该既能分享快乐也能共担烦恼。有段时间流行一个观点，假如一个朋友每天只会和你倒苦水，那就一定要离他远一点！对这个观点，我认为需要看实际情况，如果一个人只要感觉不舒服就诉苦、抱怨，那你当然可以拒绝对方的频繁打扰，但如果他只是偶尔倒倒苦水，我觉得可以接受，或许你还会因为被人需要而感到快乐。平等的友情关系里从来就不存在谁依附谁、谁讨好谁，而是两个人相互支撑，彼此依靠！

一个人要想避免成为讨好型人格，除了要改变自卑的个性，确认自己的价值，也要努力提高自己的客观实力！这样我们才会拥有更多的选择权。可以主动放弃一些低质量的社交，不要因为所处的位置比较低而感觉每一个人、每一段关系都特别重要。靠实力说话，靠实力赢得他人的尊重和认可，这样建立的关系比讨好得来的更踏实，也更稳固。

这些都不是一朝一夕就能完成的事，我们可以把它作为一个目标，不断提升自己，成为一个更有社交权重的人，这样才能让自己具备不讨好别人的底气！

还是要拒绝

如果有人列一个"社交中最困难的几件事"的榜单，我相信"如何拒绝别人"一定可以凭实力挤进前十，甚至前三！因为有太多人根本不知道怎么拒绝别人，明明心里想说"不"，却担心被讨厌，害怕伤感情，唯恐对方误解自己的本意，纠结到最后只能说出一句"好吧"。

实际上，"老好人"可不是那么好当的，往往吃力不讨好。什么忙都肯帮，也就什么事都要做！你累得筋疲力尽，对方却不一定真心感谢，还有可能在心里打着自己的小算盘——这个人真好说话，下次还可以找他帮忙！而且，你如果不是心甘情愿想答应对方，过程中也一定会充满痛苦和纠结，事后也必定会懊悔和不开心。每个人的时间、精力都是有限的，如果因为不懂得拒绝别人，而让自己活得又忙又累，简直得不偿失！

所以我们一定要学会说出自己的真实想法，委婉但直接地拒绝对方，慢慢建立自己与他人相处的分寸感，不仅自己舒服，也让对方退到合适的社交距离！

以下是几个非常有效的关于如何拒绝的方法：

第一，拒绝之前，先肯定对方，让对方不会因为被拒绝而感到难堪。

第二，使用商量的语气说明自己的真实情况，疑问句通常会比肯定句更委婉一些。举个例子，如果其他部门的同事找你处理职责之外的事，你可以跟对方说："我现在还有事，如果不着急的话可以等我忙完以后再帮你吗？"如果这个同事的事情比较着急，一定会另外寻找他人帮忙，不会守在原地等你。而且，如果对方心思通透也会明白你的潜台词，不是不想帮忙，而是没办法立刻帮忙。

第三，拒绝时不要带情绪，只做客观叙述就好。大部分时候，我们要做的仅仅是拒绝这件事而不是这个人，所以只需要做事实的陈述，一旦带有情绪，反而容易让对方感觉不舒服。

无论如何，向他人表达拒绝的意愿一定是有难度的，既要清晰准确又要委婉温和，总之非常考验一个人的情商和反应能力。但是我们不能因为有困难就选择回避，一个人只有学会拒绝，才能跳出"老好人"的怪圈，找回自己与他人交往应有的界限。

面对工作上的请求我们通常可以有很多理性上的考量，但是人情关系上的求助往往要复杂得多，尤其当认识的朋友突然开口借钱等棘手情况的出现,想拒绝却难以启齿,之前摁下去的内心戏又开始泛滥,借还是不借?或者该借多少?

在我看来,有些人有些事还是要拒绝,你在事情发生之前要把两件事想清楚:你愿意借钱给哪些人?愿意帮助哪些事?等到真遇到亲戚、朋友甚至同事借钱的情况,就不会因为抹不开面子或思虑不周导致自己做出错误的决定!

如果是朋友家里人生病了急需用钱,我一定会借!也不叫借,是给!遇到这种情况向我借钱的朋友,也一定会说清楚前因后果,告诉我他是真的需要帮助,我也愿意帮这个忙。但除此之外的其他情况,我基本都会选择冷处理。因为我始终相信一个人只要踏踏实实地生活,认认真真地工作,大概率是不会出现必须找人借钱才能活下去的情况的。成年人想问题、做决定还是要慎重一些,要懂得深思熟虑和做预案,不要总是让自己陷入被动的局面中,不给自己留任何后路,也让别人陷入了尴尬为难的境地。

我们当然相信自己的朋友也愿意成为彼此的支撑,但这不是让我们替别人的生活买单的理由,把自己的困境转移给别人,可见这样的人也未必把你当作真正的朋友,只把你当成了他手机里可以发送借钱信息的对象罢了。

大家都是普通人,都有普通人的困扰。有一点我们必须始终牢记:帮助是情分,不帮是本分,如果一个人因为被拒绝而选择绝交,那这样的人终归是会走散的!唯一的区别只是早一点或晚一点

而已!

　　不管是工作上的请求,还是人情上的往来,我们拒绝的只是一个请求,而不是否定某个人或某段关系。不要因此增加心理负担,也千万别让不好意思害了自己!

越"躺平",越焦虑

"躺平"这个词是一些人用来消解情绪或自我调侃的段子,你怎么还当真了?

我觉得大部人还是想进步、想拼搏的,只是不知道该如何开始,所以一边迷茫一边焦虑。而"躺平"这个词刚好能合理化眼前的困境,仿佛只要向四周大声宣告:我是躺平青年,便能万事大吉。但人生可没有这么简单,段子不过是他人编写出来的诗和远方,生活往往更多要做的是面对和处理好眼前的苟且,如果还能拼,千万别想着躺平。躺平不能解决任何问题,还有可能让原本就是普通人的自己滑向更差的梯队!

躺平的人抓不住机会

我觉得社会也是一个巨大的考场，和高考一样要经历千军万马过独木桥，只有真正优秀的人才能顺利过桥，抵达对岸。面对激烈的竞争，选择主动躺平的人无论如何都抓不住向上的机会，人家考试你睡觉，人家工作你摸鱼，两者之间的差距只会越来越大！

当然，有些人不是故意躺平，只是感觉平时工作节奏太忙根本没时间认真地思考，总是被各种策划案、倒计时和计划表推着往前走，囫囵吞枣式的生活是没办法带来真正的思考和进步的。所以，他们借躺平之名休息一下，想清楚一些事。

我建议这种情况一定要规定好"休息一下"的时间，是一周还是一个月，过完这段时间就要立刻结束躺平期，收拾好心情重新开始正常的工作和生活。如果是无限期地躺平，那就不是短暂的思考和调整，而是借口。

我有一个从小一起长大的同学，从大学毕业到现在她已经彻底躺平了四年。在她的自我认知中，所有人都不懂她，只有大数据懂她，并且她始终认为自己的天分让她值得拥有更好的，现在不起跑并不是偷懒而是沉淀和思考，是在寻找最适合自己的方向和目标。四年过去了，需要沉下心从基础开始做起的工作她看不上，更好的机会可能她也没有渠道链接到。时间就这么在躺平中慢慢溜走了，除了焦虑和愤懑，什么也没有留下。我无法告诉她，其实所谓的大数据都是根据她平时的兴趣搜索而故意投放给她的，如果你对某个领域感兴趣，那么大数据将源源不断地向你投放越来越多相似的精准内容！因为这样你才能一直刷手机，数据就是要一直"吸引你"。所以如果自己不主动学习，不主动跳出来，旁人说得再多也没用。其实我看着她也觉得很难过，明明离得这么近，却怎么也叫不醒她。

人生是活出来的，不是想出来的，一时的看不清方向不可怕，可怕的是以此为借口而永远不开始行动。如果暂时没有明确的目标，不妨一边积累工作经验，一边想清楚未来的方向，两边都不耽误，要知道一个人在某个行业里待三年和待三个月所拥有的眼界和格局是完全不一样的。甚至真的躺平几个月、几年，你的履历可能都不会完整，简直是有百害而无一益。

多给自己一些积极的心理暗示，不把躺平当成懒惰的借口，毕竟如影随形的焦虑就是生活发出的提醒和警告。

焦虑的人更要跑起来

跟"躺平""佛系"一样，"焦虑"也是当下的社交热词！而且焦虑还有原因细分，比如年龄焦虑、容貌焦虑、身材焦虑等，虽然每个人焦虑的来源不同，但焦虑的情形通常非常相似，像精神紧张，坐立不安，同时伴随着不同程度的脱发和失眠。

说起来我还挺了解焦虑的，现在也在靠吃药控制自己的中度焦虑。但是我一直告诉自己这不是焦虑，只是我有想提升自己的念头，所以心态上有点着急！我建议大家不要把焦虑情绪想象成焦虑症，它只是一种常见的心理情绪，可以通过转移注意力得到缓解，否则很容易增加自己的心理负担。

和大家分享几个对我来说可以有效缓解焦虑的方法，希望也能帮到你！

第一，先解决外在焦虑来源，关掉一切让自己感觉焦虑的内容！ 那些看了太多偶像剧的人，很容易会琢磨为什么自己遇不到"霸道总裁爱上我"式的爱情；那些看多了一毕业就年薪百万创业故事的人，就会着急为什么自己还一事无成！我有一个非常真诚的建议，就是不要总关注与现阶段的自己不匹配的东西，适度焦虑可以催人向上，但是过度焦虑就会扰乱生活的节奏，越想越焦虑，越焦虑越急躁，人也很容易变得急功近利或者做一些不切实际的白日梦。

人要认清自己的能力，然后做自己能力范围内的事，买自己能力范围内的东西。不强求也别奢求！知足常乐，慢慢向上！

第二，调整内在心态，不要以焦虑为出发点看待外界。 对美好的事物抱着欣赏和赞美的心态，不要因为自己做不到或者不了解就予以否定或抨击，未知全貌，不予置评。

第三，开始改变和行动！ 对于一个长期和焦虑情绪对抗的资深人士，我始终相信行动才是缓解焦虑感的良药！我们可以把那些导致自己焦虑的问题罗列出来，然后想办法逐个击破。如果你打算减肥，就马上开始制订减肥计划。工作上的事情感觉焦虑，就去研究怎么解决问题。人之所以焦虑是因为对抽象的未知的恐惧，当所有的担心都变成一个个具体可感的小问题，自然就会把关注点从焦虑转移到解决问题上面。

总停留在原地是没办法缓解焦虑的，反而会越来越焦虑，越来越难相处。每个人都需要在行动中付出，然后在付出中获得快乐，最后通过结果验证自己的想法和能力。我们会在这个过程中被塑造、被改变，并逐渐变得包容、理解、成熟！躺平是静态，改变是动态，焦虑的人要跑起来！

独处，不孤独

我们身处的这个时代，有前所未有的信息容量和密度，也有未曾预料过的更新迭代速度，这也就造成了一种错觉，不活在人堆里，就会被孤立，不活在信息的轰炸里，随时就有可能被踢出局。但，真的是这样吗？

一个人想要活得热闹，简直太容易了，只需走进人群呼朋引伴就能挤进闹哄哄的人间，但是想要学会独处并享受独处却很难。独处是一种稀缺的能力，它既能帮我们安置好当下的自己，也能沉淀出更好的未来。

有人把独处理解成孤独，认为一个人做很多事就是在独处。比如一个人吃火锅、一个人唱歌、一个人住院，以上这些或许会让人感受到孤独，却不是真正意义上的独处。孤独是与他人物理距离和心理距离上的疏远，而独处是和自己做朋友，倾听自己内心的声音，沉下心去做自己想做的事，找到自己想走的路，安于寂寞也享受来自自己的陪伴。

我在读大学的时候根本不知道怎么独处，几乎二十四小时离不开手机，不是在和朋友聊天，就是在刷视频，每天晚上都要困到睁不开眼睛了才肯睡觉。我必须保持自己随时随地与他人、与外界有联系，否则心就会特别慌。我感觉自己就像个网管，一旦没有了网络一切都失去了意义。如果能有人陪伴，我绝不会选择一个人。所以，即便从宿舍搬出去，我也经常叫朋友到家里玩！

但是，我很不喜欢做家务，每次面对朋友走后的一片狼藉，我不禁思考，自己真的需要这么高频次的陪伴吗？冒出这个想法后，我又恰好遇到了一次被动独处的机会！我现在还记得，有一天家里突然停了电，而我的手机只剩下百分之十的电量，一个几乎离不开手机的人面对这种意外事件，心慌！特别心慌！安全指数跌到了低谷。我的第一反应是，完了，不能刷视频也不能和朋友聊天了！我立刻给小区物业打电话，对方告知整个社区都因为电路维修停电了，最快也要第二天中午才能恢复供电。挂了电话，我告诉自己不能再玩手机了，要保证自己在关键时刻可以与外界取得联系应急。

曾经我预设过无数次没有网络的场景，假定中的自己一定会特别焦虑和难受，但真实情况是那些曾经以为没有办法解决的担心一个都没有发生。我一个人静静地躺在床上，听着窗外的汽车开过，还有家里狗狗睡觉的呼噜声，心一下子就静了下来，那些乱七八糟的想法通通不见了！我的焦虑和慌张，也被这些充满烟火气的声音治愈了。原来关掉手机之后的生活并不会一团糟，我也可以过得很好，甚至睡眠质量也会比平时高很多。

原来独处并不可怕！当我意识到这一点就开始想办法减少自己玩手机的时间，为此我咬牙下载了一个付费软件，一旦开启那个软件，除了打电话，手机的所有其他娱乐功能都不能打开。如果长时间不玩手机，就可以种下一棵树并让它一直生长，直到你忍不住拿起手机的那一刻它才停止。软件里还有一个种树的世界排行榜，来自世界各地的效率达人，他们能做到让自己的树累计几十个小时甚至几百个小时不停生长，非常厉害。这就像玩游戏一样，也有了好胜心和刺激感，哪怕是为了多种树，我也要求自己不要总是玩手机了。就这样我距离适应独处又更近了一步。

可利用的时间多了，我逐渐又找到了一些能增强自己幸福感的小事，比如做手工、看漫画、收集各种绝版娃娃，原来快乐也有门槛和层次，拥有独处能力的人不会再轻易地被廉价的快乐所绑架。

独处真的是一种能力！一种能让人静下心来学习和思考的能力。我开始一个人读书，一个人画画，一个人想明白一些困扰自己很久的事。很多时候只要想清楚了自己真实的需求就不会被他人的想法左右，也不会轻易去讨好别人。人之所以会人云亦云，只是没有给自己足够的时间去找到内心的答案！

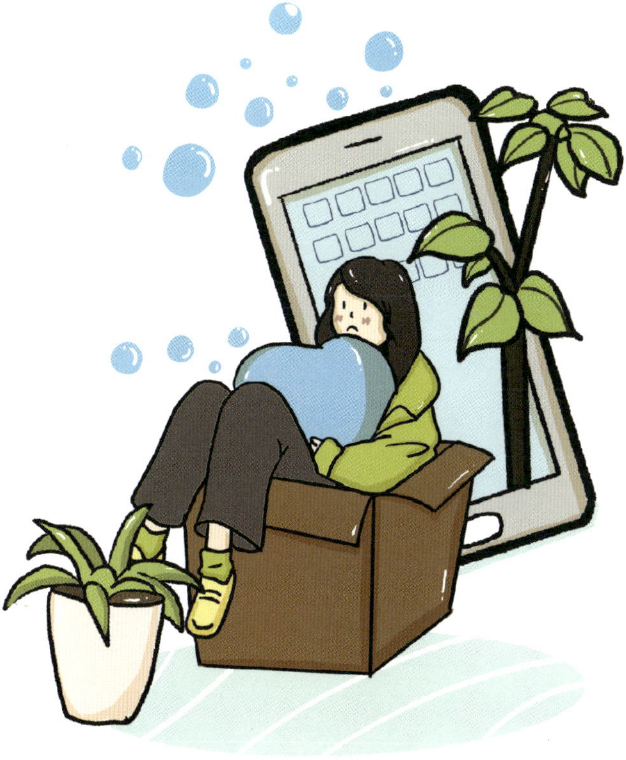

独处，从来都不是一件可怕的事。随着内心世界越来越充盈，我不再需要外界的热闹来填充。独处，让我逐渐掌握了生活的节奏，做回了自己时间和空间的主人。

谁还没个低谷期

今年 5 月,莫言发出了一封写给年轻人的信,信里有这样一句话:"希望总是在失望甚至是绝望时产生的。"简直说到了我的心坎里。

一个人的成长路径永远都是呈螺旋式上升的,弯路或曲折是每个人都必然要经历的过程。所谓的"人生低谷",就是这些弯路和曲折点,看起来有些糟糕,其实恰恰也是最好的增速期。一个人可以被生活打败,但是不能被它打倒。痛苦只是暂时的,最终我们都会重新站起来,并且站得更高。

2019 年是我的本命年,老话说一个人本命年的时候多少会有些不顺,我也的确遇到了截至目前自己人生中最大的一道坎。10 月 26 号,我突然发现自己所有社交平台的账号都无法登录了。我着急焦虑得不行,一直在到处求人找关系想要拿回自己的账号,然后告诉那些期待我更新的人——我没有失踪,我还在!

因为账号上的视频是我那几年所有的生活和心血,记录了我大学毕业后一个人在北京努力奋斗的所有重要时刻。长时间没有更新,大家也从最开始的关心逐渐变成了猜测,有人说我结婚了,有人说我去过自己的生活了,不再录制视频了,还有人说我可能犯了什么错误再也不能露面了。都不是,真正的原因只是我之前签了一些让自己后悔莫及的合同!

我至今还记得当初公司联系我签约时的细节,有人在微博上给我发私信,说看中了我的内容创作能力,那时候我几乎什么都没有想,只是觉得自己的能力得到了认可,团队的协作也会比我单打独斗更靠谱。但之后的日子真的很辛苦,几乎没有了自己的生活,但也从没想过放弃,反而更加投入和努力,那段时间我得到了特别多的鼓励和认可,一些是平台和机构颁发的奖项,更多的是来自大家的喜欢和关注,当然我还赚到了钱。

小时候我妈经常说,如果你以后没钱、没能力,就会被别人看不起。这句话我很认真地听进了心里,所以那时候一旦有人问我长大以后想做什么,我想都不用想就会直接回答:"当工作稳定的老师,或者腰缠万贯的老板!"我从不觉得挣钱是一件可耻的事,我确实想多赚一些钱,让我和我妈过上好日子,让别人高看我一眼。

现在回想起来,不得不承认小时候的想法的确很幼稚,可以获得别人尊重的方法有很多,未必只有赚钱一种。但努力赚钱从来都不是错事,或许它买不来别人的尊敬,但实打实地能够让我们多一些选择的空间。

纠纷期间我大概整整消失了一年。其中一个账号在某一天竟然少了 300 多万粉丝。这件事对我的打击非常大，我感觉自己像个废物，除了着急什么事情都做不了。但是，这一次我没有被困难打倒，因为我知道困难就像弹簧，你强它就弱，你弱它就强。

现在的我早就拿回了以前全平台所有老账号的归属权，但从它们回到我手里的那一刻开始，我再也没有使用过。我重新开设了新的账号，不再执着于之前的成绩，毕竟所有的经历于我而言都是一笔宝贵的财富，里面也不只有痛苦，还有曾经的彼此成就和认真走过留下的痕迹。于是我决定把所有的这些回忆都打包封存起来，作为自己青春最好的见证，这里面有最大浓度的真诚，也有因为幼稚而犯过的错、踩过的坑，但它们都是属于我自己独一无二的勋章。

于是，我选择让过往的一切归零，收拾心情重新出发，或者这样更能证明我的决心和能力。当然，最后的事情也证明我做到了。**罗曼·罗兰说，这个世界上只有一种真正的英雄主义，就是在认清生活的真相之后依旧热爱生活。**

当我们身处谷底的时候，无论怎么走都是在向上。衷心地希望每个人在遇到至暗和低谷的时候，仍可以相信自己，相信人生总会起起伏伏，时好时坏。一个人真正的成功，不是在他辉煌的时候有多么风光，而是在他低迷的时候，是不是依然有继续前行的勇气。

"时间能渡的永远都是愿意自渡的人"。

当我们身处低谷的时候，无论怎么走都是在向上。

不做不擅长的事，也不做太擅长的事

相信很多人都听过木桶理论，一个木桶最终能盛多少水，不取决于最长的那块木板，而恰恰是最短的那一块。换句话说，人的发展同样受限于自身的短板和不足，所以太多人执着于弥补属于自己的那块短板，想借此提升整体的承载量，但是我们要认清一个事实，人毕竟不是木桶，尺有所短、寸有所长是必然的，没有人是天生的六边形战士，各方面能力值爆表，与其把自己的所有特点都拉到平均水平线，不如将自己最擅长、最有优势的特质无限延长和放大，这样才能让自己更有被看到的可能。

我有一位业务能力很强的同事，她刚来实习的时候表现很一般，给她安排的工作经常做不好，还总是加班到很晚。我时常会忍不住想是不是因为她真的能力不行，无法胜任这份工作。

正当我还在思考这个问题的时候，有一天晚上十点半，我还在公司整理第二天的工作，果不其然，她也在加班。但她突然主动敲了我办公室的门说想和我聊聊。她坐下来第一句话说的就是："老板，我想转岗，我不适合现在的岗位。"当时她还没过试用期，说实话听到这个诉求的时候我还是有一些惊讶的。接下来她几乎没有停顿地说："我很喜欢公司的氛围和业务产品线，但是我发现自己的性格和目前的工作内容并不匹配，擅长和优势都没有办法得到发挥，工作效率很低，不仅会拖累团队的进度，也让我对自己有很强烈的挫败感。我对自己的能力是有信心的，是可以为公司创造更多的价值的，我不希望让你或公司的其他同事认为我能力不足，跟不上团队的脚步。"我很喜欢她这种有话直说的性格，让我们彼此都更能快速地了解对方的诉求，于是我愿意给她机会，为她调换了她喜欢的新岗位，事实证明，她后来的确做得非常好。

这个女孩有让人看到她闪光点的勇气和对自己清晰的认知。明确知道自己擅长什么，不擅长什么，也敢于表达和争取，并真的通过努力向大家证明了自己的实力。

那些我们真正擅长的事，大部分都与性格、爱好、个人能力有着密切关系，通俗来说就是特长得到了发挥，自然也更容易全身心地投入，而不是每天内耗，在自我质疑和自我肯定之间反复摇摆。所以，尽量不要做不擅长的事，因为很可能用尽了全力也无法得到想要的结果。

当然，对于自己擅长的事情我们也要分阶段、分情况进行考量。年轻的时候，我是不想去做太擅长的事的，不想让自己的能力边界这么早就被固化，还是愿意给自己预留一些闯荡和尝试的机会。我觉得在有选择的前提下，大家可以在某些适合的时间节点，做相对较多的尝试。因为擅长的事是我们最后的底线和安全牌，但并不是唯一的选项。

俞敏洪曾经分享过自己创办新东方的经历，那时他还在北大教书，是一位很受欢迎的老师，但是这样的生活就像一个舒适圈，很容易让自己停止更多尝试的脚步，于是他选择离开，进入一个完全陌生但具有挑战性的环境创业。虽然一开始确实不擅长，但是通过一点点去学习、去琢磨，逐步开阔自己的眼界、胸怀。尽管过程中经历了很多艰难，但他也确实锻炼出了很多原来他并没有发现自己具备的才能，比如管理、拓展、市场、演讲、领导，等等。

所以，有些事情不是我们不喜欢、不擅长，是我们没有给过自己接触和开始的机会。所谓是否擅长也并不是生来就能知道，需要反复地摸索和确认才可以，千万不要扼杀了自己成长的可能性。

一个人身处自己最擅长的领域，很容易在看问题时带上自己的主观判断，认为自己已经掌握了完整的方法论，不再听取别人的意见和声音，这是非常可怕的。时代在飞速地发生变化，此时的经验未必可以在下一刻平行复制，如果没有时刻保持学习的意识，很容易让自己的思维变得固化，或许曾经凭借几分运气、几分实力得到过市场的青睐，但如果停滞不前依然可能会在未来面临淘汰。

不要做自己不擅长的事，容易事倍功半，但也不要做自己太擅长的事，容易故步自封。任何时候我们都应该保持积极向上的劲头，始终不能停止拓展自己能力边界的脚步，因为不去尝试你永远不会知道自己的世界究竟有多大。

你才是自己的安全感

太多人都说,安全感是自己给的,但几乎没有人可以再进一步说清楚到底应该怎么给自己安全感。安全感这个东西既看不见又摸不着,却实实在在地对每一个人产生着影响。坦白地讲,我就是一个非常没有安全感的人,一直在找能增加自己安全感的方法,后来我慢慢发现最有效果的方法有两个:赚钱和做计划!

先说说赚钱。我们可以不把钱看得很重,但要明白赚钱的价值。我觉得钱是人的胆,也是每个人面对意外时的底气。人生很长,谁都不能保证未来一定不会发生意外,很多时候我们之所以焦虑和不安就是因为担心自己没有应对意外的能力。

我刚毕业的时候一直在租房子,当时经常想的一个问题就是万一我没钱付房租了,是不是会被房东立刻赶出去?这种提心吊胆的感觉真的让人非常沮丧。后来我努力挣到一些钱,就再也没担心过这个问题，因为我知道即使出现了一些特殊情况，自己也可以有能力解决。

人在没钱的时候可能真的没有办法做到洒脱，而且在面对一些纠结犹豫的问题时很容易妥协或将就，或许你想换一份更喜欢的工作，但是因为没有足够的积蓄不敢轻易辞职，于是在一家不喜欢的公司不喜欢的岗位上蹉跎青春。或许你想结束一段不满意的感情，但是害怕放弃这个人后再没有更好的选择，没有足够的勇气和底气支撑自己果断离开，只能回到温水里，继续做那只没有任何期待的青蛙。

我记得华裔女演员刘玉玲说过一个"去你的"基金理论，她努力工作并始终预留出一笔特别的积蓄，作为"去你的"基金。每当她感觉失去了工作的乐趣，或者被逼迫着做自己不喜欢的事情时，就可以用这笔钱作为最后的安全支撑，然后潇洒地说一句"去你的"，转身离开。

我觉得每个人都应该为自己存下这样一笔钱，金额可以根据自己的实际情况进行调整，因为它真的能在某些特殊时刻给我们提供最强大的安全感，或者说能让人在面对困难时多一个解决问题的选项。

一个人最大的幸福莫过于，努力做事的同时顺便把钱给赚了！很多后来真正赚到大钱的人，反而做事的初衷不是赚钱，他们的关注点在于所做的事情本身，在于奋斗的快乐。其实只要大方向没错，等所有环节跑顺了，赚钱就是一件顺其自然的事。一个人拥有多少

赚钱的能力远比当下赚到多少钱更重要！ 我们大部分的努力和付出会有一定的滞后性，没办法立刻兑现结果。在赚钱方面，但行好事，莫问前程同样适用。

再说说做计划，我在前面讲过做计划的重要性，事事有计划，件件有交代！一个好的计划既需要有执行步骤还需要有备选方案，既能促进自觉性，又能积累安全感。

很多人做事都需要驱动力，把要做的事列入计划就是推自己一把。比如，大家都知道坚持健身有助于身体健康，但是大部分人难以坚持。计划能帮我们对目标进行分解，让看起来难以完成的事情变得有步骤、分阶段，而这些最终都会变成让我们的内心更加安定的养分。备选方案的作用则是兜底，以我的个人感受而言，只要通过备选方案减少焦虑和不安，做任何事情都会感觉干劲十足，无比自信！

总而言之，我们要向内挖掘和塑造安全感，而不是向外寻找和索取安全感，他人给予的东西随时可能收回，只有自己能掌控的部分才可以稳如磐石。另外，大家不要被"安全感"这个概念框住。很多人在知道这个词后，总是会纠结自己到底有没有，如果没有就感觉很沮丧。但是只要你当下过得很好，它的存在对我们的生活、工作没有太大影响，就不需要过分在意。

我反而觉得没有安全感也不见得都是坏事，没有安全感的人更懂得居安思危，明白多学习、多做准备的重要性！他们或许比拥有安全感的人更早意识到，这一切不只是要向外索取，更多的是要向内关照。

5

谁说快乐
不重要

快乐是有层次的

微软曾经做过一项研究,发现现代人的专注时间已经从之前的12秒降到了8秒。换句话说,当一个人投入一项活动,无论是工作、学习还是娱乐,8秒之后很可能就已经开始分心了。这也就解释了为什么现在大家更喜欢看短视频而不是长视频,更喜欢读碎片化的信息而不是完完整整地读一本书。

而且我们的注意力极其容易被其他信息干扰,你有没有发现,有时候最初只想搜索一部电影的名称,却在打开电影页面后被主演的介绍吸引,又从主演搜索到导演的近况,看到导演最近的拍摄取景地非常漂亮,联想到自己也想找个时间去那个地方旅行,思绪如同脱缰的野马,早已与最初的想法差了十万八千里……

除了普遍下降的专注力以外,为什么大家更喜欢前者呢?因为刷短视频、刷微博更简单,更不需要成本投入,也更容易获得即时性的快乐。但是，罗翔曾经说过："**其实快乐是有质和量的区别的，越能体现人性尊严的快乐，越是一种最大的快乐，我们之所以读书行路，就是希望能够不断地享受高级的快乐。**"

低质量的快乐是那些只要付出很低成本，就能轻易获得的消费型快乐。比如刷手机、打游戏、吃零食等，它们可以快速让我们的大脑产生多巴胺，让人感觉幸福和满足，但是借由物质带来的愉悦是短暂的、浅层的，很容易随着时间的变化消退或消失。

有趣的是，身处不同的人生阶段，对浅层次的快乐也会有不同的喜好和感知。小时候，我觉得玩泥巴就是天底下最快乐的事；十几岁翘掉一节课，在学校附近闲逛也能偷着乐一下午；等二十几岁踏入社会进入职场，却感觉睡个懒觉都是人生幸事，睡眠贵如珍宝，睡得着、睡得踏实比什么都重要。

高质量的快乐是一种建立在精神追求之上，要付出一定的努力和坚持才能获得的成就感和满足感。它比低质量的快乐持续时间更长，所以我们可以感受到的快乐也更深刻。

这种创造型的快乐，可以为自己、为他人、为世界带来一些有趣的改变，让人感觉到自己的进步与价值！比如，当一个人坚持去健身房锻炼，看着自己的身材一天天变得更好，就会发自内心地感受到快乐，因为所有的辛苦都没有白费，流过的每一滴汗都是见证！既获得了好身材和健康的体魄，又得到了巨大的成就感和自信。而获得这种快乐的过程和躺在沙发上吹着空调吃着零食相比，当然要更辛苦，但同样会更持久、更满足。

这也是为什么现在的娱乐方式如此多样，但大家反而越来越难感受到真正的快乐。看似我们的选择有很多，刷视频、打游戏、看电影，一切都变得越来越便利，不需要等特定的时间和安排，只要愿意可以随时开始沉浸其中，但那些浅层次的快乐，就像夏天的雷阵雨，来得快去得也快，根本留不下什么，只能让人感觉无比空虚，产生愧疚感和负罪感。长此以往，不但不能减压反而会变得越来越不快乐。

当然，任何通向长久价值的事刚开始的时候都会比较艰难，阅读、健身、学习、做计划，都是这样。迈出第一步很难，执行的过程也很难，但是当我们坚持下去看到变化和结果也会收获巨大的快乐。就像一个人想考取名牌大学的研究生，那就不能偷懒，必须控制自己想要去玩、去休息的欲望，坐在书桌前一遍遍地看书、做题，直到通过笔试、面试的考核才敢稍稍松口气。等真正拿到梦寐以求的录取通知书那天，脸上一定会洋溢着幸福的笑容，内心也充满了无法言喻的激动与自豪！

当一个人体会过深层次的高质量快乐，是不会被浅层次的低质量快乐而迷惑的。或者说，那些追求高级快乐的人，不是没有体会到开始的困难、坚持的痛苦，而是不会被困难与痛苦左右，他们愿意用恒久的努力磨炼自己的意志，创造精彩的人生。

但是我们不要因为获得了浅层次的快乐，就停止对其他层次快乐的探索，反而可以试着对体验过的所有快乐进行排序，当你探索完不同层次、不同质量的快乐后，如果依然钟情于打游戏、刷视频这样的快乐形式，也完全没有问题。因为这就是你喜欢的事，当然可以将它们放在个人排行榜的前列，并且会比之前更加确信和坚定。

快乐不仅有层次也可以分等级，我按照自己的感受给一些事情创造的快乐分了级。比如，和朋友在一起是 3 级（我是典型的社交恐惧症患者），购物是 4 级，一个人做手工是 5 级，画画是 6 级，阅读是 7 级，写手账是 8 级，每一级都能给我带来快乐，但是创造型的快乐确实比消费型的快乐更持久。

千万不要因为沉溺于当下简单的快乐，就失去了追求深刻快乐的动力与能力。 而是要想办法给高质量的快乐充值，永远都不要让它停机！人生需要创造不同层次的快乐，才能体会不同程度的乐趣，你不试试怎么知道自己错过了多少？

仪式感很重要

假如把生活比作一根看不到尽头的绳子，我们更应该每隔一段时间就给绳子打上一个结，用来记录和创作平凡生活中的小确幸。毕竟，真实的生活不是偶像剧，不会有那么多的波澜起伏和惊天动地。生活的真相就是简单和平淡，乍一看昨天与今天或许没什么本质的不同，明天和后天大概率也不会有太多的悬念。

但是生活需要我们自己想办法去为它注入不同的颜色和味道，就如同在白开水里倒入不同味道的果珍粉，马上就可以让一杯普普通通的白水有了其他的滋味。我之前特别不喜欢喝水，直到有天发现用吸管喝饮料的时候可以喝得特别快，备受启发，索性立刻把保温杯都换成了可以随身携带的吸管杯，我还特意在手机里下载了一个能进行喝水打卡的软件，每喝一杯水就标记一次。于是喝水就变成了我的通关游戏，当进入了这个情景时忽然感觉喝水没那么困难了。后来我又进行了升级，根据不同造型的水杯，选择同色系的背带，这样每次带出门还能和当天的服装造型进行相互搭配，变成了属于自己的一个小时尚。

所以，仪式感就是那些可以让生活变得不一样的绳结，能让我们更加深刻地记住那些曾经看过的风景、品尝过的美食和用心爱过的人。这样，人生也不再是漫无目的地行走，而是变成了一场独一无二的旅行。

当我们把每一个普通的日子都打上独特的烙印，用庄重认真抵抗琐碎无趣，以积极主动的态度提高生活的幸福浓度，那么不管别人如何，我们已经在让自己度过的每一天都变得不同。

其实仪式感就是一种氛围感，一种可以由自己打造的特点场景和记忆。现在很多人在视频网站追剧、看电影的时候，习惯了点开一点五倍速、两倍速，总觉得要看的东西太多，时间根本不够用，每时每刻都非常急躁，似乎只要能少花一点时间，就能减少一分内心的焦虑感。要想打破这份焦虑情绪，我也寻找过很多方法，最简单好上手的方式就是增加观影的氛围感，让自己短暂地抽离并彻底地沉浸进去。所以现在我每次在家里看电影，都会提前收拾出适合看电影的环境，拉上窗帘，打开小夜灯，点上香薰蜡烛，准备好水果或一份大碗的冰激凌，最重要的是，手机一定要拿得远远的并且关静音！（很多人内心都对手机关静音这件事感到莫名的恐惧，总怕在这期间会有什么大事发生！比如老板发来的消息、快递员打过来的电话、好朋友发过来的视频，等等。但相信我，一部电影最长

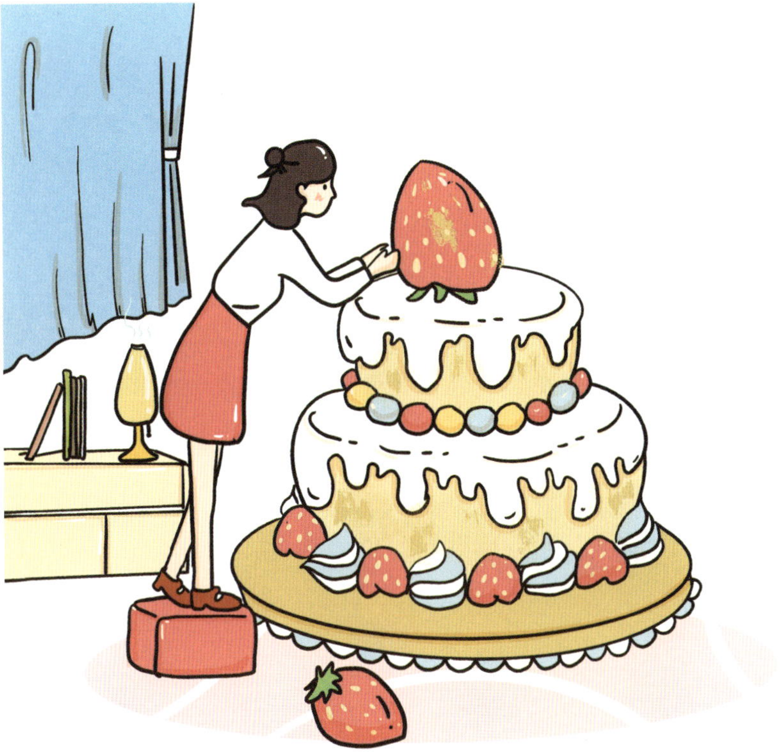

也不过是两个多小时，这期间即便发生任何事，都可以有解决的余地。）

去做一些有仪式感的事情并不需要多么特别的日子，只要愿意随时都可以开始，不需要特定的形式和流程，一切看你自己的喜好和选择。在家里看电影可以有仪式感，看完电影在手账本上写下自己的观影感受是一种仪式感，甚至隔一段时间翻看自己的记录也能变成生活的仪式感。当然，坚持早起、看书打卡、周末散步等，都可以成为我们生活中的特殊存在。

仪式感多像我们在给自己的生活做装修啊！把一些一开始不那么喜欢的事，用一些喜欢的行为进行设计和改装，从而让我们有新的惊喜发现。把那些容易被忽视的日子，用一些特别的事情填满，生活变得充实，不再觉得自己虚度了光阴，等以后回忆时也不会感觉充满遗憾。

仪式感可以让生活成为生活，而不是简单的生存和活着。当我们愿意郑重其事地生活，生活也会让我们感受到它的美和温柔。

无所不能的手账

如果你问我，平时最喜欢的爱好是什么，答案只有两个字："手账"。

有关我和手账的故事，大概要从五年前说起。在我看来它是无所不能的，从生活到感情再到工作，生活中处处都有它的存在，并担当着日程本、备忘录、工作清单、旅行记录、生日提醒等多重角色，可谓尽职尽责。手账早已变成了我人生中非常重要的陪伴，不仅仅是用来做规划的工具。

生活小管家

手账可以让我生活中的一切都变得井然有序。我会用它做提前

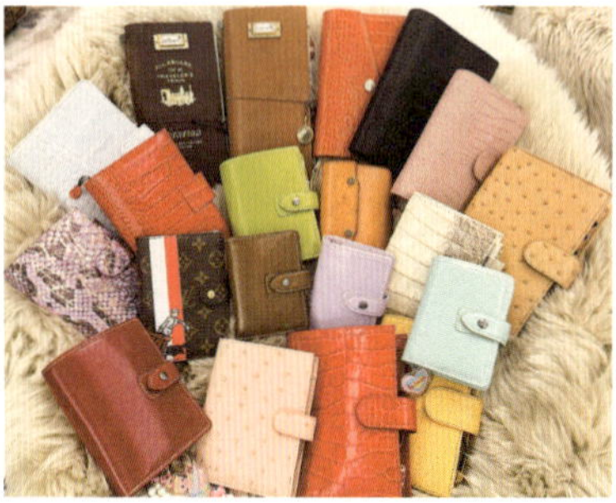

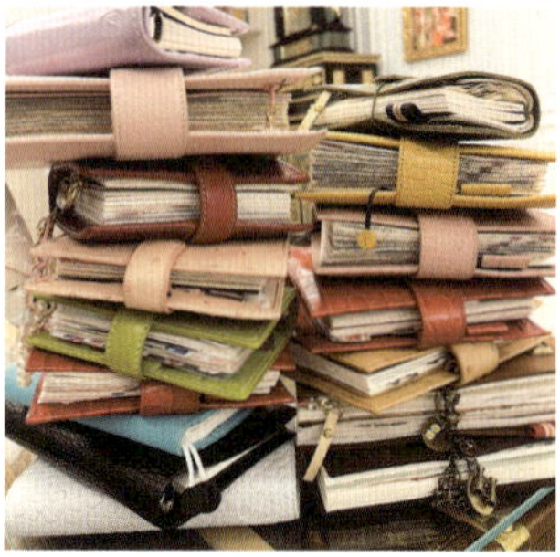

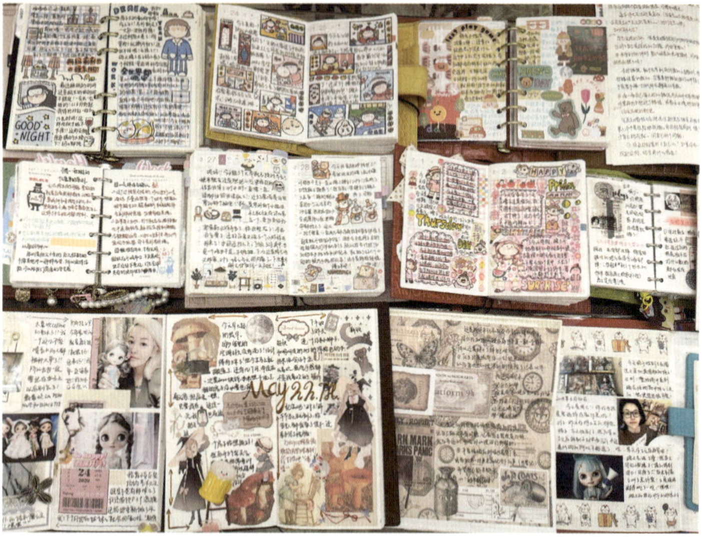
GOOD NIGHT

安排和制订计划，确定好先做什么，后做什么。我几乎每天都会在上面写好当天要做的事。比如录视频、剪辑、审核、开会，甚至连闲暇的碎片化时间里做手工、吃水果，甚至洗澡、敷面膜等每一项我都会合理地为它们安排出时间，并且每完成一项就在后面打一个钩，一个简简单单的动作，既创造出认真对待生活的仪式感，又高效地完成了除工作以外的生活乃至娱乐上的所有事情。身边的朋友经常怀疑我是不是每天不睡觉，否则为什么每天都能完成这么多事。其实只要手账运用得好，计划好所有事情的顺序，并不需要动脑筋，跟着做就能轻松完成！

举个例子。平时我特别喜欢分享、种草，曾经用过的一些特别好用的产品，但随着时间的推移，慢慢地在市面上不知是绝版了还是什么原因，有些东西就会变得很难找到，我又不可能把所有使用过的空瓶子都留下来，又或者把每一个名字都深深印在脑子里，所以现在只要买到令我非常惊喜的好产品或小物件，我都会把它们拍个照打印出来，贴在手账上，这样分散的信息就被很好地保存了下来。即使以后再也买不到了，这份记忆也最大限度地保留了下来。

另外，之前的我经常容易冲动消费，现在为了克制这种冲动，我也会把一些想买但有点犹豫的物品写在手账上，等过了冲动期再来分析一下自己是真心喜欢还是一时的冲动，如果是真的喜欢才会入手，已经过了新鲜劲儿的东西就会被我直接划掉，无形中帮自己节省了一笔钱，又保证了买到的东西都足够喜欢和需要。

对大多数人而言，手账能起到超强的提醒作用，比如养宠物的人可以记录宠物驱虫、体检、洗澡、打疫苗的时间，定期关注它们的健康和卫生情况。日常还可以记录换洗被单的时间、加湿器过滤芯是否要重新购买、是不是又到了该去体检的时间，等等。手账就像一个重要的信息中转中心，我们每个人的生活中都充满了庞杂且无序的琐事，如果能合理地使用手账，就可以解放大脑，不必费心记住所有的信息，给自己留出放空和休息的时间。

情感小助手

手账还能在情侣吵架的时候帮助彼此快速地冷静下来。比如，我会在手账上记录对方的优、缺点，并在上面拆解自己生气的原因，分析生气的后果，以及自己是否能够承担这个后果。要知道当我们和一个人相处的时候，即使是自己的标准也会随时地改变，所以不要想着彻底改变一个人，而是要考虑是否能接受眼前的这个人。很多时候，一旦把问题梳理清楚了，自然也就会发现不再需要情绪上的反应。即使下次再遇到类似的情况也可以不再争吵。有意思的是，当你遇到一个对的人，记录下来的对方的优点也会越来越多，因为很多缺点会随着相处渐渐被理解并接受，反之你懂的。

平时我也会经常用手账记录爱情中那些甜蜜又美好的瞬间，旅行时拍的照片、一起去看电影时留下的票根，这些都会被我贴在手账本上，让它们变成更明确的幸福见证！人在情绪激动或心情失落的时候更需要被幸福包裹，翻一翻手账里的点点滴滴，就会发现其实幸福一直都在，所有曾经参与过的细节就是最好的安慰。

工作贴心小助理

很多人不懂得根据轻重缓急对事情进行排序，其实大部分的情况只需要优先处理最紧急的事情，后续的其他事哪怕晚一点完成也不会影响整体的最终结果。比如，我见过一位公司新来的实习生，那天需要给上海的客户寄一份非常重要的包裹，可快递小哥告诉她需要一个小时后才能上门取件，于是这位实习生就在炎炎夏日顶着硕大的太阳步行了将近两公里将这个包裹送到了快递公司。然后又步行着走了回来，往返一共花了一个多小时。从结果上来看，她这么做并没有对处理这件事情起到多么高效的正面作用，反而使了蛮力，让自己的这一个小时都耗费在了路上，自己也差一点中暑，同时让全组的人员都为她担心。其实不论是生活还是工作，我们都可以利用手账来帮助自己见缝插针地处理问题，做个轻松且高效的职场人。

开始学着写手账，不要认为它很复杂，担心自己做不到。手账是属于你个人的专属，它不需要参照统一的审美，也没有固定的格式或要求，一切完全取决于自己的爱好和习惯。有人喜欢清清爽爽的页面，只把它当成日程本；有人喜欢做一些精巧的排版布局，甚至还会画上插图，记录的同时充分发挥自己的想象力，让创作的过程变成一种乐趣。这都没有好坏之分，也不分高下。

把一本手账从特别薄写得特别厚的过程本身就是一种治愈，就像是随着自己年龄和阅历的增长把生活变得越来越厚重一样，正是因为有了这些细碎的日常，我们才能更好地感知生活的美好和温度。

成年人也要看漫画

一提到漫画，很多人觉得是小朋友的专属选择，市面上的确有很多简单轻松、偏童话风的儿童绘本，但也有面向成人的富有深度和哲理的漫画类型，很多成人漫画就是改编自经典的名人自传、小说或者电影，以一种全新的形式对内容进行了二次创作。

前段时间我读了一本叫《至爱梵高》的绘本，讲的是天才画家文森特·梵高的一生，读的过程中我会放上与之匹配的纯音乐，一边听一边看。因为一个人单纯看画面的时候很容易被外界的声音干扰，任何一点噪声都可能让人走神。这时候如果有合适的背景音乐就不一样了，声音会塑造一个适合阅读的立体环境，把我们从现实生活中短暂地剥离出来，让我们可以更轻易地进入故事中描绘的情景，打开一扇新世界的大门，和漫画中的主角一起经历、感受和成长。这本绘本中的一句话让我触动很深："每个人的心中都有一团火，路过的人却只看到烟。"那一刻，我好像真的走进了梵高那火热又孤独的内心世界。读完之后心情久久不能平静，像是跟着他走完了短短的一生，再加上漫画的画风会更能感染情绪，每一幅彩色的画面都令人沉浸，这种富有层次的治愈感会神奇地从纸上跑进你的心里，这种感觉真的太棒了！

推荐大家看漫画还有一个原因，那就是读漫画的门槛更低，和读书相比更容易进入状态。我虽然非常不想但也不得不承认，大部分人自学校毕业后就失去了安静看书的心境和环境，一打开书就频频走神。如果想要重新找回阅读的感觉，不妨从漫画开始。

心情不好的时候，我会选择看一些悬疑推理的漫画。近期印象比较深刻的一本叫《黑睡莲》，它有长篇小说原型，但是漫画家用印象派漫画的形式将这个经典的悬疑故事重新叙述了一遍，既保留了小说中紧张恐怖的情节，又增加了很多想象空间，有些地方特别像电影镜头，营造出了浓重的悬疑氛围。这种强烈的风格能将我从坏情绪中拉出来，迅速进入漫画中的世界，跟随主角的脚步探求事实的真相。

而且，给成年人看的作品，往往创作者也会做一些更成熟的处理。比如，保留了很多原著中富有诗意和哲理的句子："清澈的河水被几缕细流染红，就像有人在河水里涮过毛笔上的颜料似的。""生活会改变方向。有时，是往更好的方向！"画面与文字相结合也会达到不一样的效果，总会让我们在某个瞬间被触动或者被点醒。

我在前面还向大家介绍过高木直子的"一个人系列漫画"，在这里再推荐一本叫《被遗忘在长椅上的小书》的治愈系漫画，内容并不复杂，甚至有些简单，但是可以让人缓下脚步重新开始审视自己的生活。

故事中的女主角卡梅莉亚在公园的长椅上发现了一本书，书中夹着一张神秘的字条，她读完字条后想要找到书的主人，然后在寻找的过程中发现了自己生活中的一些问题。她试着调整和解决，并逐渐找到了更适合自己的人生节奏。这种拨开迷雾的过程还挺有意思的，或许每个人都需要拨开自己生活中的迷雾，而不是被云雾包围却不自知。

既然说到了治愈系，再分享一本另类治愈漫画《不方便，但很幸福》，故事改编自漫画家洪渊植和他同样热爱漫画的太太的真实生活经历。由于在城市的生活压力过大，收入无法支撑日常的开销，夫妻俩只能离开城市去偏远的郊区生活。这些绝大多数人都能感同身受的烦恼每天都压得他们喘不过气，加上"归隐山林"又夹杂着许许多多的不方便，比如手机很容易没有信号，要适应没有暖气的冬天，得学着种地、砍柴、辨认野菜。我在读这本书的时候好几次都快要被那种无力的窒息感压得透不过气来，但渐渐地，我仿佛和他们一起见证了在郊区生活的这六年时光，同时也是适应与改变共存的六年。漫画教会了我看待生活的全新视角，对待问题从烦躁焦虑到慢慢接受，和爱人的相处从相互扶持到共同创作，这个过程真的特别有参与感也特别治愈。一个看起来无比简单的故事里却有着丰富的内核和世界，也让我在自己的人生中找到了共鸣、关照和指导。

  有时候我们只是更换了一本漫画，却像切换到了另一种人生，有人才华横溢但时运不济；有人在忙碌的生活中觉察不到自己的问题，唯有停下脚步审视当下后才能做出改变；有人选择与潮流逆行，回到生活不便的乡下体验另一种活法。

  成年人真的需要漫画，它可以治愈每一个心中住着孩子的大人，包括我，也包括你。

娃娃，不只是娃娃

成年人的世界，因为有复杂的规则，反而更渴望简单和纯粹。四年前，我开始接触并爱上了玩偶娃娃，这段时间里它们给我带来了无数的陪伴、安慰和温暖。

那时候我刚刚来到北京，一个人在偌大的城市里被巨大的孤独感包围，没有一丁点儿的归属感。面对这样的情况，很多人会选择走出家门认识更多的人，从友情或爱情中得到慰藉和依靠。但我不是一个喜欢主动社交的人，也过了渴望呼朋引伴的阶段，不希望通过这种方式获得认同或接纳。但总是一个人的确很无聊，我就在网上联系了一位专门给娃娃化妆的妆师，给自己定制了一个属于自己的小布娃娃，当时的我正在戴牙套，就和对方说了我的要求："我的娃娃也要戴上一副牙套！"

三个月后当我打开盒子看到她的那一刻，真的整个人都快融化了！超级无敌惊喜，我给她起了个名字叫"张皮皮"，兴奋地拍了好几百张照片，恨不得告诉全世界我有了一位非常迷你的新朋友！相信应该很多人都会和我一样对"独一无二"这个词根本没有抵抗力吧！没错，张皮皮就是独一无二的存在，在这个世界上没有第二个娃娃能和它长得一模一样，也是从那一刻开始，好像有一扇新世界的大门在我面前徐徐打开，满足了我小时候对娃娃的一切幻想，可以美丽优雅，也可以甜美可爱，而且并不需要一直买不同的娃娃，只要给皮皮换上不同的衣服、做不同的造型，就可以有全新的感觉和陪伴。不过，娃娃对于我来说，就像女人爱买的包包、男人爱买的鞋子一样，根本不会嫌多！至今为止，我一共定制了整整 12 只娃娃。

我会给她们准备娃娃能住的迷你娃屋，还有属于她们自己的床和被子，真的是妥妥养成系的感觉！我喜欢花时间和心思给她们换造型，我记得有一天晚上为了给其中一个娃娃的头发做护理折腾到了凌晨四点，又拿温水泡又拿发膜蒸，忙得那叫一个不亦乐乎，比打扮自己还用心！这个过程让我有一种可以认真照顾她们，也可以认真照顾自己的成就感。

其实网上有很多专业的改娃师，因为都是手工原创，所以师傅们的手艺和风格也都各有不同，比如有的妆师擅长欧美风，所以做出来的娃娃嘴唇都厚厚的，还会画上一些雀斑，再把发型弄成蓬蓬的羊毛卷。有的妆师擅长搞怪卡通风，做出来的娃娃都是俏皮鬼马，像童话故事里的小精灵一样。还有超级牛的妆师擅长真人风，利用

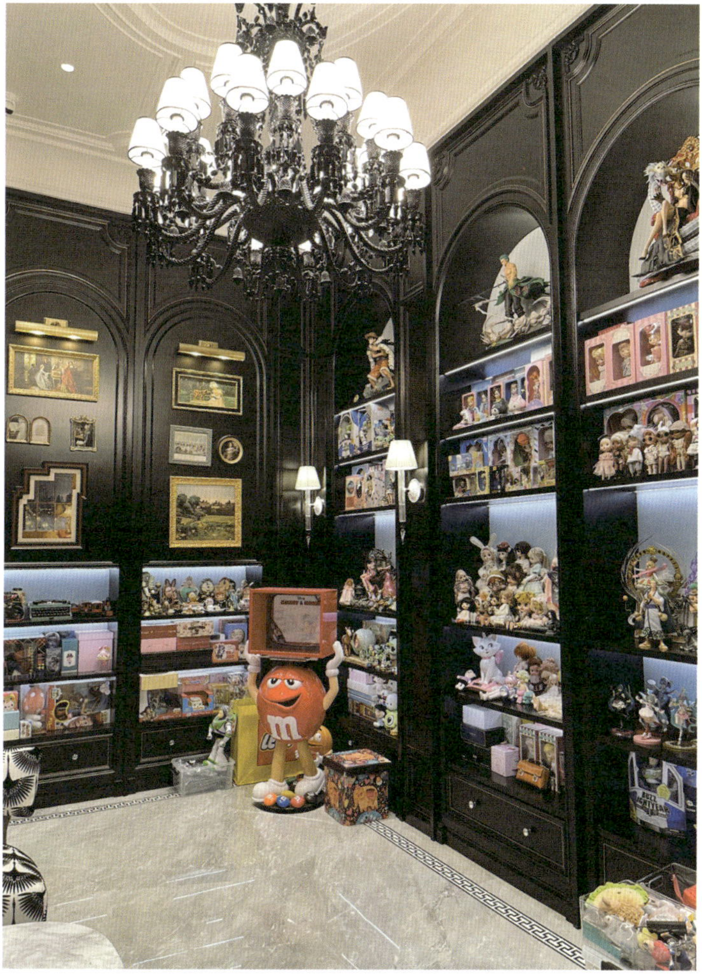

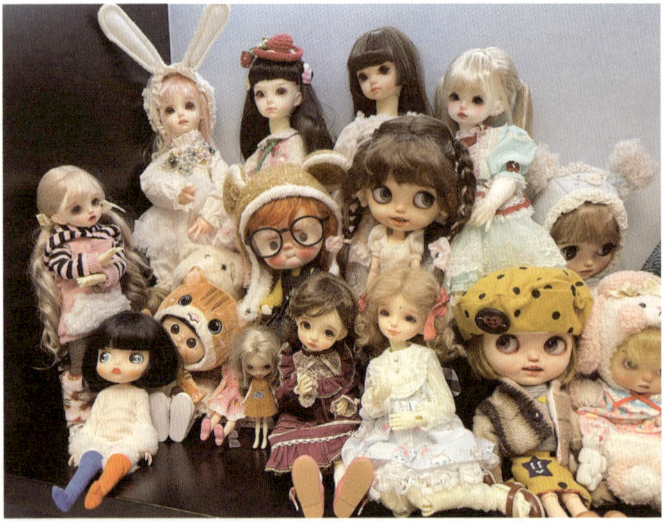

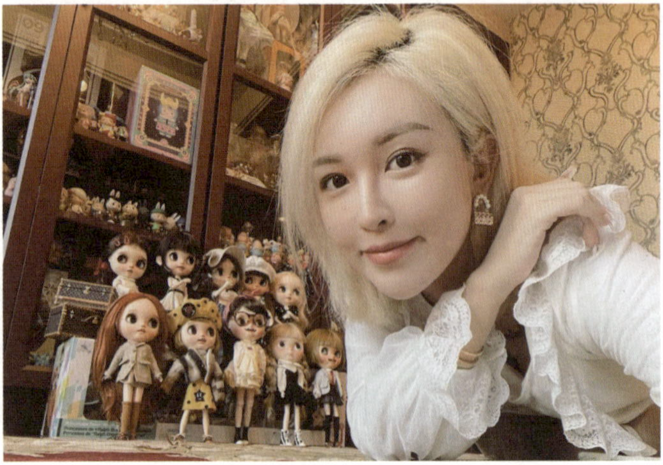

超高的技术在娃娃的脸上画出真人般皮肤的肌理，仔细看都能看到微小的毛细血管！当然随着手艺风格和难易程度，定制的小布娃娃的价格也是有很多差别。每一个改装完的娃娃，都会变成真正的专属定制，在我心里有不一样的地位和意义。娃娃们的世界很大，除了经常玩的小布娃娃，还有胶皮娃娃、bjd娃娃、ob11和陶瓷娃娃等，太多太多了。

娃娃，从来不只是娃娃，可能是陪伴，也可能是安全感的来源。我有一个朋友，从很小的时候就抱着一个布娃娃睡觉，那个布娃娃陪着她一路长大，虽然现在旧了、破了，但一直被她悉心保管着。因为只要看着或抱着那个娃娃，就能从心底里溢出满满的幸福感，这是其他任何物品都无法替代的情感体验。

我喜欢娃娃，也感谢娃娃，它们让我感觉这个世界可以纯真也可以梦幻！

给手机做件新衣服

我非常喜欢做手工，对我而言做手工就是缓解焦虑最好的良方，因为动手的过程自带一种神奇的治愈力，不管是做美甲时的涂色和设计，还是做手机壳时的搭配和手账的拼贴，都能很好地缓解我的紧张情绪，独一无二的同时也能带来巨大的满足和成就感。

压力过大或者精神高度紧张的时候，真心推荐大家试着做一做手机壳，因为它的门槛不高，动手难度不大，需要用到的材料也都很便宜，对新手非常友好。和其他动辄就要好多天才能完成的数字油画、十字绣、毛毡娃娃相比，做完一个普通的手机壳只需要半个小时到一个小时，时间成本相对较低。而且它是我们每个人生活中最常见也最常用的物品之一，尤其对当下的很多年轻人而言，手机壳早已经不是手机的保护套那么简单了，它还是一种带有社交属性的物品，可以用来表达个性、传递情绪，向他人彰显自己的生活

（上图手机壳的图案有些属于原创，有些属于根据网上的模板进行制作。）

态度。

　　有些人平时的工作状态想给人营造一种严肃、理性的感觉，所以不能打扮得太过花哨，但是如果用一些自己搭配的手机壳，瞬间又像是在一个小小的角落保留了一份内心深处最真实的自己。我身边的一些朋友也喜欢根据心情和造型更换不同的手机壳，赋予了手机壳更多的意义。毕竟它们就是手机的衣服，既然人可以经常换衣服，为什么手机不能有几件漂亮又个性的定制款呢？所以，我买了很多做手工的材料和各种各样的小配件，而搭配制作的过程也能训练一个人对颜色的敏感度和对构图的审美能力，时间长了也能提升一个人对服装搭配、室内软装等方面的能力。认真说起来，真的不是只做了一个手机壳那么简单。

　　制作的过程中哪怕不小心有了失误，也能调整重来，不会像画画那样，一旦画错了一笔很可能整幅画就毁了。而且制作手机壳的过程还可以训练心态，我平时的性格风风火火，做事情真的太着急了，但我发现做手工的过程中，越急反而越错！不是把挤出来的胶水弄得到处都是，就是不小心将刚做好的成品打翻在地，遇到这种情况真的太崩溃了，不过那又有什么办法呢？只能硬着头皮收拾呗！心越静手就会越稳，做出来的效果也更精美，在慢慢操作的过程里细细体会休闲惬意的时光，享受由此而带来的治愈和快乐。

　　由于非常沉迷DIY，现在我家里堆的作品越来越多，没办法，为了满足自己的爱好，我还会根据朋友们的不同性格、喜好为他们做一些专属手机壳作为礼物。少女心的人偏爱粉色系，我就会在上面挂上很多可爱的小挂件；性格沉稳的朋友往往喜欢简约风，我会给他们贴上一些小镜子或气囊支架让手机壳变得拥有更多功能。就这样，每款私人定制的手机壳都融入了我对朋友的理解和满满的爱，因此我最喜欢看朋友或同事们在收到我做的手机壳时激动又惊喜的反应了！心情超赞！

生活中可以提升幸福感的方式有很多，不妨就从一个小小的手工手机壳开始吧。

6

有关变美你一定要知道的 50 件小事

1. 洁面产品一定要温和

干性皮肤或敏感性皮肤平时一定要使用温和的氨基酸洁面产品，如果是大油皮或油痘肌感觉清洁力不够，可以选皂基搭配氨基酸的洁面产品一起使用。

因为纯皂基类的洁面产品，虽然清洁能力强，能去掉皮肤上的油脂，但健康的皮肤需要有一点油脂保护，而且目前纯皂基类的洁面产品也已经慢慢被市场淘汰了。千万不要清洁过度。

2. 用完卸妆产品，不用二次清洁

市面上大部分的卸妆产品，无论是卸妆油还是卸妆膏，乳化之后都会有一种油油的感觉，很容易给人造成了一种心理暗示：妆没卸干净，需要用洗面奶再清洗一遍。

但正常来说，卸妆后用清水冲洗干净就可以了。如果清洁过度，脸颊很容易泛红，变敏感，也容易让角质层变薄露出红血丝。

如果一定要做二次清洗，记得选用温和的洁面产品，手法轻柔，时间不要过长。

3. 不需要每天敷面膜

敷面膜千万不要过度！有很多人认为面膜使用越勤，护肤效果就会越好。千万不要有这样的想法。

使用面膜最主要的目的是让肌肤喝够水，看起来水滑透亮，但是，如果皮肤补水过度，长期处于水合的状态，皮肤细胞会变得非常脆弱，甚至反而更容易导致肌肤屏障受损。

根据皮肤的分类，除了中性皮肤，其他皮肤类型都会有不同情况的脆弱点，日常只要我们的皮肤没有起皮、泛红、爆痘等严重情况出现，都是属于正常状态，只需要做好日常基础护肤便可。

常见的贴片面膜，一周使用 2~3 次即可。皮肤干燥的话可以选择滋润性强、封闭性强的面膜，以便更好地补水保湿。皮肤偶尔长痘痘的话，可以选择含果酸或者壬二酸类的控油型面膜，能有效抑制痘痘的出现。

4. 面膜使用三大误区

妆前敷面膜，为了让妆面更透亮、服帖，作为偶尔救急的方式当然可行，但是不建议频繁操作。因为面膜护理的过程会让毛孔张开，角质层水合后的皮肤很脆弱，一些彩妆中的刺激成分如防腐剂、香精等，在水合状态下会更容易对肌肤产生刺激。

撕拉类面膜对皮肤的伤害较大，一定不要经常使用，因为很容易在撕拉的过程中对皮肤黏膜造成损伤。

免清洗睡眠面膜是一部分懒人的福音，但是不建议敏感肌、油皮和痘痘肌使用，因为这类面膜的油脂性含量比较高，封闭性也强，会给上述肤质造成很大的负担。

5. 过度减肥会导致脱发

减肥一段时间后如果发现掉头发数量明显增多，这个时候很可能你已经减肥过度了。

因为大多数人减肥都是从控制饮食开始，这期间饮食又是以少油少盐为主，更有甚者会直接选择节食，这样会使这个阶段身体所需的油脂和蛋白质跟不上，从而导致大量脱发。一旦出现了这类问题，一方面需要紧急调整减肥方案，避免危害到身体其他部分的健康；另一方面可以服用一些营养补充剂（如鱼油）来缓解。

6. 头发不用每天都洗

很多人在洗头发的时候经常会一抓一大把地掉发，因此非常担心，但实际上这些头发原本就属于自然脱落，并不是洗发造成的。可以根据自己的头皮情况，确定清洗的频率，头发需要一定的油脂滋润，过度洗发会引起发丝脱脂从而失去光泽，变得干枯毛糙，毕竟头皮和面部肌肤不同。我们每天洗完脸都会用水乳、面霜等护肤品对其进行保湿和保养，但是洗完头皮，并没有这些保养步骤，完全需要头皮自身平衡和保护。所以油脂非常重要。

而且很多时候为了控油，我们经常会选择的一些能去油去屑的产品，很可能含有乙醇、去屑剂等成分，日常如果没有头皮屑困扰的话，也尽量避免用去屑成分的洗发水，以减少对头皮的刺激和伤害。

7. 洗发时不要把洗发露直接涂抹在头皮上

正确洗发的第一步是先把头发梳顺，梳掉那些已经自然脱落的头发，避免遇水后打结。再让头皮和头发被温水打湿，充分湿润后再将洗发露倒在手心，双手揉搓，把揉出的泡沫涂抹在头皮上。因为刚挤出来的洗发露浓度很高，直接涂抹会对头皮有一定的刺激性。当然也可以用打泡器让洗发露的泡沫更浓密、更均匀。

8. 过期的口红不要用

口红过期的表现：因为口红属于油脂类产品，一旦过期会出现难闻的油脂味、蛤蜊味，甚至是酸腐味。其次会出现明显的膏体软化，表面长毛或长霉斑。同时口红内的油脂会变得不稳定，还会伴随白色油脂析出。如果是唇釉类产品，也可能会出现分层。

口红过期的危害：膏体一旦不稳定，颜色也会相应地发生变化，可能会造成涂抹不均匀，不仅影响美观，还会引起唇部起皮、干裂，引发唇炎，严重时则会造成唇部红肿和溃烂。再加上我们平时吃东西或多或少会沾染到口红，食用过期口红还可能会引发肠胃不适。

口红的保存：通常放置在避光、阴凉、干燥的地方，避免阳光直晒温度过高而导致口红油脂析出。

注意查看保质期：大部分口红的保质期是三年，可以通过口红底部的多位数编码，去官网查询这些编码的对应说明，从而判断是否过期。

9. 自然风干还是吹风机吹干？答案是吹干

洗完头发后，不要用干毛巾直接揉搓头发，这样很容易造成发丝的毛糙、脆弱，可以用毛巾轻轻蘸干，或者戴吸水性比较好的干发帽。等头发不滴水后，再用吹风机吹干。因为头发含水量过多的时候，往往是发丝最脆弱的时候，特别容易断，用吹风机可以尽量缩短头发的脆弱时间，同时一般吹风机都会有多个挡位的温度选择，尽量不要使用高温挡，而是选择低温挡慢慢吹干。条件允许的话，尽量选择一款价格和品质相对更高的吹风机，对头发的损伤也会更小。

10. 江湖救急的免洗干发去油喷雾，睡前一定要洗掉

干发喷雾就是江湖救急，一定不要把它当作常用产品过度依赖！它的主要功效成分是一种超细淀粉类吸附剂，能用来吸附头皮和头发上的油脂，所以，喷一喷，揉两下，头发就会蓬松不油不塌，在一些来不及洗发的紧急特殊场合可以算作救命神器，但使用的当天必须做清洗，不然这些粉末状的吸附物很容易堵塞毛囊，造成头皮受损，严重的话会导致脱发。

11. 科学、正确洗澡的那些事

关于洗澡这件平常的小事，虽然大家的习惯各异，但还是分享一些容易被忽略的基础知识。

一、建议洗澡水的温度不要过热，很多人会觉得越热洗得越干净、越舒服，但实际上过高的温度会带走很多油脂，导致皮肤干燥。所以温度保持跟体温一致就好。

二、如果你一天要洗两次澡的话，建议晚上时再使用沐浴产品。早上的清洗更偏向于冲凉，因为此时的身体还没分泌出过多的油脂或汗液，用清水冲洗就能保持肌肤干净清爽。

三、日常使用的沐浴露就已经具备了帮助皮肤代谢角质的功能，所以喜欢搓澡的小伙伴，不用每次洗澡时都使用搓澡巾。搓澡后记得使用一些保湿性强的产品，给皮肤多补补水。

12. 你知道自己的肤质吗

人的肤质大致可以分为干性、油性、混合性和中性四种，混合性也可以细分成混干和混油。

想要判断自己的肤质，可以晚上洗脸后什么都不涂，第二天早上查看皮肤的出油情况。如果感觉全脸有紧绷感，就是干性肤质；如果全脸冒油，就是油性肤质；如果感觉不油不干，就属于少见的中性肤质。混合性肤质相对比较复杂，如果第二天面部T区比较油，脸颊整体偏干，也有紧绷感，就是混干肤质，如果T区比较油，脸颊中间偏干，两侧出油，就是混油肤质。

13. 再见吧！痘印

有些人从青春期就开始长痘痘，好不容易痘痘消下去了，又深受痘印的困扰。痘痘由红转黑的主要原因是色素沉积，受到太阳光照射后会更加刺激黑色素分泌，形成顽固痘印，所以长痘后一定要做好防晒工作，防止黑色素沉淀。其次要进行消炎，让痘痘变平。再次要使用抗氧化的产品，防止进一步变黑。最后再使用一些酸类产品，配合一些含有美白成分的产品，让已经出现的痘印逐渐淡化并消失！这招非常管用！

14. 防晒！防晒！

如果防晒工作做不好，不管用什么抗衰老产品都不会有太大功效！我们平时说的"光老化"指的就是紫外线照射导致的皮肤老化，因为紫外线会刺激皮肤产生自由基，引起皮肤松弛、长斑、变黑。因此，无论是打伞、防晒衣、遮阳帽等物理防晒，还是涂防晒霜或喷防晒喷雾这样的化学防晒，都是有效的防晒方式，有时甚至需要双管齐下。

在选用防晒霜时大部分人会注意到防晒指数，按照自己的需求选择，SPF 表示皮肤遮挡紫外线的时间倍数，数值越大抵御时间越长（SPF 最高标注为 50+），主要作用于防晒伤（UVB），PA 表示对延缓肌肤晒黑的时间倍数，主要防晒黑（UVA），+号越多抵御能力越强。涂抹防晒霜时至少需要使用一个硬币的量，并将脸部、脖颈、手臂等露在外面的皮肤都均匀涂抹，不要有遗漏。

还有一点非常重要：防晒不分季节，全年都要严阵以待！

15. 化妆一定要记得协调三庭五眼

每个人都希望给初次见面的人留下一个好印象，出席重要约会或场合的时候化个淡妆也是对他人的尊重。不过要记住，化妆时的重点是协调三庭五眼给人的观感。

什么是三庭五眼？根据百度百科上的词条解析，简单来说，三庭是指脸的长度比例，把脸的长度分为三个等分，从前额发际线至眉骨，从眉骨至鼻底，从鼻底至下颏，各占脸长的1/3。五眼是指脸的宽度比例，以眼形长度为单位，把脸的宽度分成五个等分。两只眼睛之间有一只眼睛的间距，两眼外侧至侧发际各为一只眼睛的间距，各占比例的1/5。

我们化妆的时候，除了要放大自己五官的特点，也要通过化妆让三庭五眼的比例得到最好的调整，弱化原本的不足，让整体妆面看起来更具美感。

先说一说三庭的调整思路，如果你上庭偏短，可以在额头两侧画阴影，额头中心竖着做提亮，适当抬高发际线的位置，下降眉毛

上 1/3 庭

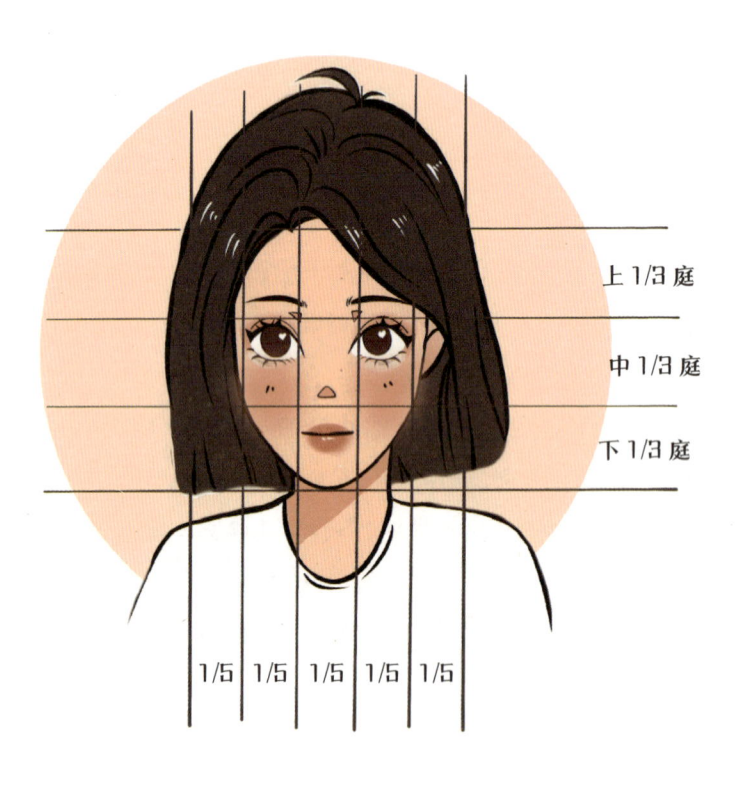

中 1/3 庭

下 1/3 庭

1/5　1/5　1/5　1/5　1/5

高度，这样能在视觉上拉宽额头；如果你上庭过长，那就要沿着发际线打一圈阴影，然后在额头中心横着打高光。如果是中庭的问题，则可以通过眉形、眼妆、鼻影等地方进行修饰和调整，如果中庭偏短，要提起眉峰，在视觉上拉长中庭，画眼妆的时候，也可以加强上睫毛、上眼线，起到拉长中庭的效果。如果是中庭过长，则可以用分段提亮的方式改善。例如，山根要靠下提亮，鼻尖要靠上提亮，依旧能在视觉上缩短中庭。还有比较常见的下庭问题，如果是下庭偏短，比较突出的情况是下巴比较短，可以在人中和下巴做一些阴影，并且下唇的口红不要涂得太满。而下庭过长的话，可以在下巴尖处横扫阴影，缩短长度修饰轮廓。

接着再聊一下五眼的调整思路，比较常见的情况是眼距过宽，可以在画眉毛的时候，拉近一下眉头的距离，再用鼻影进行辅助。眼妆可以用眼线笔加深眼头，起到开眼角的视觉效果，也能拉近眼距。如果眼距过窄，则应拉宽眉头，画眼影的时候，用向后晕染的画法，眼头浅，眼尾深，视觉上也能调整距离。

16. 你真的用对补水喷雾了吗

补水喷雾的主要成分就是水，有些品牌现在也会添加一些提亮、保湿的成分，很多人在感觉皮肤干燥的时候就会拿出来喷一喷。其实单纯用补水喷雾并不能高效补水，只能让皮肤表面看起来湿润。

随着水分的不断蒸发，反而会带走水分，加重皮肤的干燥情况。

所以，当我们用完补水喷雾后，先用纸巾或洗脸巾蘸干表面的水分，再用保湿的乳液或者其他产品锁水。这才是补水喷雾的正确使用方式。

17. 一周一次清洁泥膜

市面上常见的清洁泥膜主要的成分大多数都是高岭土、火山泥或者亚马逊白泥。它们具有较强的吸附性，有些品牌还会添加一些祛痘、镇静、控油的成分，来清除皮肤表面的油脂和黑头、白头。

如果你是干性皮肤，建议每周或每两周使用一次，并且仅涂抹在 T 区。如果你是油性皮肤，那么完全可以全脸使用，每周使用一到两次。因为日常护肤步骤大部分都是在给皮肤做加法，敷面膜、抹精华、上面霜……而做好清洁，就是给皮肤适当做了减法，让它也放松放松，透透气。

18. 你知道散粉、蜜粉、蜜粉饼、粉饼的区别吗

这四款产品从状态上可以分为散粉和粉饼两类。比如散粉、蜜粉是前者；而蜜粉饼、粉饼是后者。从功效上可以分为定妆产品和

补妆产品，散粉和蜜粉本质上是同一样东西，而蜜粉饼相当于把散粉和蜜粉压成了饼状，更适合携带出门，不会因为不小心洒在包里，这三种都属于定妆产品。

定妆产品有透明和有色两种选择，透明的产品一般用来定妆、控油，有一些也会有保湿、平滑毛孔的功效，但是它不能改变我们的肤色。有色的产品除了上述功效外，还能修正我们面部的气色。比如，紫色定妆粉可以中和偏黄的肤色，粉色的定妆粉可以给人红润的气色。

而粉饼的作用则跟前面都不同，它属于便携的补妆产品。不是散粉压成的饼状，更像一块半干的粉底液，触感有点糯糯的，上脸后有遮瑕、均匀肤色的能力。而且现在市面上很多粉饼还具有防晒功能。一定要学会区分，毕竟好的定妆产品能帮助妆容更加持久自然。

19. 身体乳是全年标配

一到秋、冬季节，我们本能地感觉到皮肤容易干燥起皮，每次洗完澡需要使用身体乳进行护理。但好皮肤不是一天养成的，身体乳也不是可以立竿见影的产品，它属于日常养护类型，一年四季都要使用，且要根据季节的不同选择不同的质地。

春、夏季节，可以使用一些清爽清薄的身体乳或者身体精华，主要用来补充水分，油脂含量不需要太高，这样涂抹到身上很容易吸收，不会有油腻感。秋、冬季节则要选择浓稠滋润的身体乳，例如凡士林一类封闭性强、质地厚一些的类型。当然如果本身容易起痘痘或者是"鸡皮肤"，也可以选用含有果酸成分的身体乳，能有效缓解症状，使皮肤变得细腻光滑。

20. 随时准备一支护手霜

手是女生的第二张脸，但是护手霜的挑选不需要非常高的价格，一支几十块钱的护手霜完全可以用很久。最重要的是要养成坚持使用的习惯，每次洗完手后，尤其是做完家务之后，都要记得涂抹。

现在大家都非常喜欢做美甲，美甲灯的照射也会在一定程度上对手部皮肤有损伤，也会让皮肤更容易变黑，所以一定在随身出行的包里备上一支护手霜，时刻准备精致护理。

21. 一定要知道的化妆步骤

和大家分享一下我和化妆师学来的化妆思路：
第一步，先做妆前保湿。
切记不要用特别黏稠的精华水，这很可能会造成底妆搓泥，用清爽的喷雾＋乳液＋隔离霜简单保湿即可，但不要忘记涂防晒哦。

第二步，底妆非常关键。

根据自己的肤质选择粉底液、气垫。粉底液比较持久，不容易脱妆，而气垫则可以放在包包里带出门，随时用来补妆。如果你的皮肤有明显的瑕疵，上完底妆后再加上遮瑕液或遮瑕笔进行遮瑕更完美。

第三步，定妆粉定妆。

第四步，眉眼部分。

我的顺序是眉毛、眼影、眼线、卧蚕、睫毛，这里可以根据个人的喜好进行次序调整或步骤的删减，没有严格的标准。

第五步，口红、腮红。

由于它们的选色最好是协调统一的，所以放在一起进行。

第六步，修容、高光。

第七步，定妆喷雾进行二次定妆。

让妆容更持久的同时会帮助面部的粉感变柔和。

当然，并不一定需要所有的步骤都做，完全可以根据自己的实际情况删减和优化。

22. 预算不充分？那就选择好的底妆＋平价彩妆

对于没有稳定收入的学生党和刚刚毕业的职场新人，留给化妆品的预算往往不是特别充足，这时候我的建议是把尽量多的预算留给底妆，再搭配便宜实惠的彩妆。

长期化妆的人都知道，底妆是彩妆步骤里最重要的一环，底妆化好了，一个妆容就成功了一大半。优质的底妆产品可以打造出光泽无瑕的好肌肤。

而彩妆的更替性比较强，不一定非要选择高价品牌。现在很多国货的彩妆性价比就很高，三四十元就能轻轻松松买到一盘品质非常不错的眼影，不论是新手的初次练习，还是化妆师们的技巧玩妆，都是再合适不过的选择了！

23. 想拥有服帖的底妆，试试"三明治"定妆法

每个容易出汗的小仙女都经历过脱妆的痛苦吧！辛辛苦苦化了个美美的妆容，可是天气稍微一热脸上就开始泛油光，底妆逐渐变得不均匀，最后变成一个"大花脸"。为了避免这种尴尬的情况，推荐大家试一试简单流行的"三明治"定妆法。

第一步，用定妆喷雾喷湿美妆蛋，搭配蘸取粉底液，轻轻在脸部拍匀，这一步相当于把粉底液和定妆喷雾做了一个融合，底妆也会比平时更加服帖。

第二步，全脸再喷一次定妆喷雾进行定妆，等喷雾成膜后，再上一层定妆粉。

第三步，再喷一次定妆喷雾。

这种定妆方法会更适合夏天爱出油的小伙伴们的妆容，真的不妨试一试！

24. 气垫、粉底和粉霜的区别

我们对气垫的诉求大多是快速上妆或者方便补妆。所以，它的设计理念就是便携、轻盈、实用，但是粉扑往往比较小，用起来会稍显吃力，持妆力和遮瑕力相对较弱。

粉底液跟字面意思一样，大多数都是像液体一样有流动性的，比较轻薄，如果刚开始学习化妆的话，建议直接使用粉底液，简单好上手，不出错。

粉霜则是乳霜质地，几乎没有流动性，质地略微厚重，但遮瑕力度会更好一些，市面上大多数粉霜由于质地问题都是罐装的，所以很多人也会觉得使用方式不太卫生。

25. 清透底妆万能大法

第一步，妆前保湿，先用补水喷雾打湿全脸，容易卡粉的部位可用化妆棉湿敷。选择轻薄的护肤产品，先在手心乳化揉匀，再拍到脸上。

第二步，面部调色，利用多色遮瑕盘，黑眼圈用橘色中和。脸部发黄、凹陷的地方用紫色中和（如法令纹、太阳穴），苹果肌的位置用黄色提亮，最后用手拍匀，喷一层补水喷雾进行保湿。

第三步，将粉底液挤到手背上，用手指揉开，点在脸上，将美妆蛋打湿，挤到八成干，不要完全拧干，需保留一点点水分再进行上妆，能让底妆更加清透自然。

第四步，散粉定妆。先在手心揉开，去掉余粉，打在眼皮、眼下、眉骨，鼻翼和嘴角，其他部位可以不定，因为腮红、修容等粉状产品，也能起到定妆效果，避免粉过多过厚造成假面感。

26. 第一个眼影盘，可以是四色盘

市面上的眼影盘层出不穷，颜色也都五花八门，很多人不知道该如何挑选，其实四色盘真的是简单、好上手且使用率最高的选择。因为它已经搭配好的颜色，完全符合一套完整眼妆的需要，基本上会包含打底色、偏浅主色、加深主色和提亮色。不同品牌的包装设计会有不同，但每一盘的四色都尽量做到了搭配和谐，适合新手。当我们把四色盘用透了，再去找同色系的八色盘、十二色盘、十六色盘来逐渐增加难度，千万不要一开始就选多色盘，容易不知道如何搭配，出现色调不统一，妆面突兀的情况。

27. 画眼影千万不要下手过重

对于眼影效果来说，真正起到重要影响的往往是前两步，这两步一定不要下手过重，不然不仅会显得眼妆很脏，还会无形中让眼睛变小。所以第一步要做好打底消肿。颜色的选择不能过深。第二步用稍微深一点的颜色加深眼尾，同时千万要用一支干净的刷子晕染过渡，不然眼皮很容易堆积色块。而蘸粉的原则是少量多次，把多余的粉抖掉再给眼皮上粉，这样晕染出来的效果会更自然。我们平时和身边人相处的时候，都是从眼睛的对视开始的，所以不要忽视了眼影对妆容的影响，用好了它可以大大提升你的气质和气场。

28. 选择适合自己的眼影色号

根据肤色做判断：如果皮肤很白皙，什么色号都可以尝试。如果肤色偏黄，尽量不要选过于粉嫩的颜色，容易显得整个人气色不好，应选择同色系的黄色调来中和皮肤的暗黄，比如橘色、土色、奶茶色等。不用害怕它会让你的妆面更黄，反而恰恰是因为颜色统一才会让整体妆面更协调。

根据自身风格做选择：如果你平时青春洋溢、有活力，先尽可能弱化唇部颜色，再选用一些偏自然的玫瑰色系眼影就能非常简单地打造出减龄的妆感。如果个人风格和工作性质偏端庄严肃，眼影则需选择可以消肿的大地色，再配合修容加深面部轮廓，使整个妆面立体感十足，人也更大气干练。

当然，还可以根据当天的整体穿搭风格确定眼影色号，比如晚上出门约会，可以选带亮片珠光的眼影；如果秋天出去采风，可以选红棕色系配合枫叶氛围的眼影色号。

29. 减龄不能缺少的卧蚕

什么样的人适合画卧蚕？卧蚕究竟可以起到什么样的作用？首先中庭偏长的人，可以通过卧蚕有效平衡自己的三庭。其次眼型偏圆的人画卧蚕，可以使眼部轮廓看起来更加圆润流畅。当然面中发育不足、面颊凹陷的人，也可以通过卧蚕更好地提升自己的亲和力。

而说到如何画卧蚕，首先有两个工具上的建议：一支卧蚕阴影笔和一支提亮笔。有了它们就可以事半功倍。卧蚕阴影笔有点像眼线笔，不过它出水的颜色非常浅，主要起到勾勒边框的作用。要把第一笔画在眼球正下方，先确定位置高度。第二笔沿着刚才那一笔勾勒出跟眼型一致的一条淡淡的线，然后用干净的刷子晕染开，让眼下出现自然的阴影线。注意这条线要中间深两边浅，看起来就会立体自然。最后，中间用提亮笔点亮。如果你没有以上两种产品，也可以用眉笔充当前者，用高光或亮一些的遮瑕液充当后者，手法娴熟的话，也能画出想要的效果。

30. 不同眼型如何画基础眼线

睫毛内藏的狭长眼型。 这种眼睛的眼皮会压住睫毛根部，导致睫毛露出的部分较少，所以眼线的重心需要转移到眼球的正上方，让眼睛看起来更圆润，更有型。

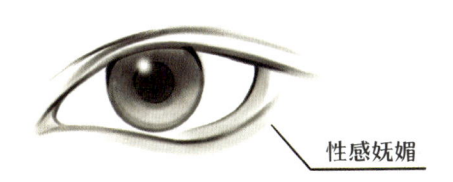

性感妩媚

上扬眼

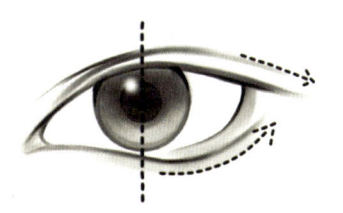

眼线上细下粗，眼尾向下拉，
眼睑下至，重点突出。

上挑眼型。这种眼睛的眼尾通常会向上扬，给人一种高冷和距离感，可以选用肉桂色或棕色的眼线胶笔，着重强调下眼线，尤其是眼尾，形成下压的效果。

眼距过宽的眼型。用眼线液笔勾勒内眼角，打造开眼角的效果，但切记眼尾不要画得过长，保持跟眼睛长度一致即可。

眼距过近的眼型。侧重点则在于拉长眼尾，下眼线也需要在眼尾处稍微加深，这样会使眼睛整体更加协调。

31. 职场、日常、约会，都有对应的口红色系

口红是妆容中最不可缺少的一步，不仅能帮助个人提升气质，还能表达出一些属于自己的态度。

亚洲口红主要可以分为红色、橘色、粉色、玫色、裸色几大色系。以下是本人经过多年购买口红的经验，盘点总结出来的根据不同场合特点可选用的口红色系，希望能给大家做个参考。

日常上班或上学的人可盲选裸色系，不需要过多的修饰，看起来干净、清透、大方即可。

休闲、度假、旅行时可选温柔的粉色系，能重点强调女生的温柔、亲和、可爱。

年会、节日等重要场合可选择红色系或暗红色系，可以凸显一个人的优雅和气场，也会让他人感受到你对这次聚会的重视。

骑车、登山、散步时可以选择橘色系，这能让整个人看起来充满活力，更加精神阳光。

32. 新手化妆可用口红定调法

如果你对当天的妆容没有太明确的想法，不妨选一支最想带出门的口红，把它先涂在嘴唇上试个色，再去根据颜色进行穿搭，搭配好后再去反向选择腮红、眼影。这个口红定调法很适合新手，也能在需要快速出门的时候提供新思路。

33. 如果得了唇炎，唇部产品要谨慎

有些唇膏品牌会添加薄荷醇和樟脑，或者为了达到妆效和肤感，添加较高比例的酒精，建议唇炎患者一定要牢记，在购买唇膏的过程中千万要精准避开这类产品，减少不必要的刺激。

如果已经得了唇炎，我的建议是，第一，先不要涂抹任何唇膏或唇釉，最大程度减小唇部的负担。第二，多喝水，补充足量的蔬果和复合维生素。第三，改掉舔嘴唇的习惯，避免嘴唇干裂。当然如果情况实在严重，赶紧及时就医，不要自己乱用药品。唇炎真的很容易反复发作，一定要谨遵医嘱用药。

34. 千万不要忽视唇部护理

很多人在发现唇部干裂或起皮时，才会想起来用润唇膏，实际上平时就要养成涂润唇膏的习惯，保持唇部的滋润度。同时要多喝水、多吃水果蔬菜，避免由于身体缺乏维生素而引发的唇炎。唇部皮肤没有皮脂腺和汗腺，不能像其他部位的皮肤一样正常分泌油脂，更需要高油脂质地的唇部护理产品。定期做唇膜也非常关键，比如我会先涂一层膏体唇膜，再敷上一片保鲜膜，这样护理锁水滋润的效果更好。

35. 简单的画眉技巧

还在用传统方式画眉吗？先沿着眉毛外缘画一个框，再往框里填色，那样画出来的眉形多少有一点儿死板，而且早已过时了，今天分享一些新的画眉技巧。

画眉之前，可以先确认自己眉毛的大致走向，**找到眉头、眉峰、眉尾，确定这几个点的位置，就能大概知道眉毛按照什么形状画**。切记：眉尾的位置不要低于眉头，否则眉毛下垂会显得整个人很没有精神。

正式画眉毛时，要从中间处往后画，再用刷子或余粉向前面过渡，使得眉头更加轻柔自然。一定不要一开始就画眉头。容易下手过重，颜色过深，显得人非常凶，一副不好接触的样子。而眉头颜色浅一些，中间往后颜色深一些则会看起来更加清透自然，整体都很协调。

另外，眉色和发色要尽量保持色调统一，且比发色稍微淡一些。比如发色是黑色，可以选灰色或灰棕色的眉笔或眉粉，这样看起来整体也会更温和自然。

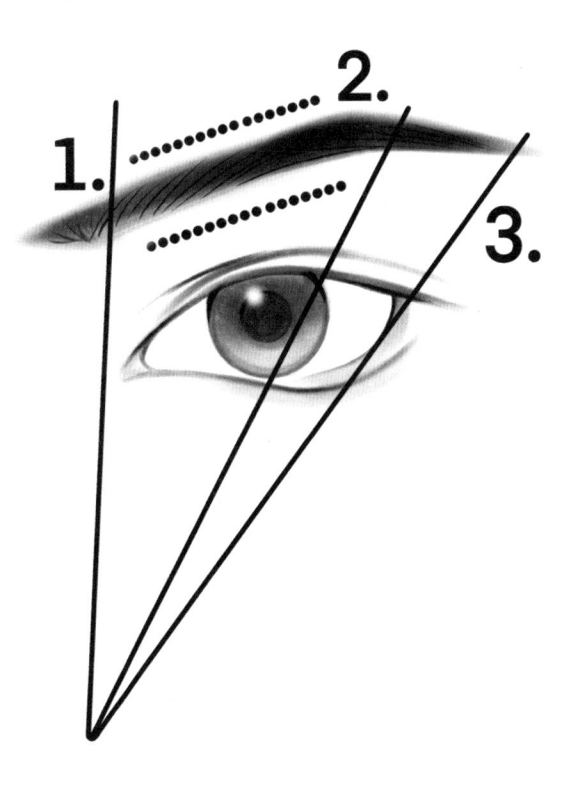

36. 新手更适合遮瑕液，熟悉后再换遮瑕膏

遮瑕的作用就是帮我们遮住一些明显的皮肤瑕疵。比如黑眼圈、痘印、法令纹，等等。所以做好遮瑕能提升整个妆面的观感。

不过，遮瑕力强的产品妆感都偏厚重，不宜大面积使用。建议新手先使用更好把握的遮瑕液。因为很多都是小管设计，方便控制用量，而且几乎不考验上妆手法，只需涂在遮瑕处用刷子晕开即可。而遮瑕膏则更考验使用者的化妆技巧，通常一盘会有三到五种颜色，有调和眼部的三文鱼色，有偏黄的提亮色，还有稍微深一点的自然色，再高级的可能会加上橘色、绿色、紫色，等等。初次使用会感觉比较复杂，不知道如何上手。所以慢慢来，不用急。

37. 有效遮瑕该怎么做

遮瑕遮不住几乎是所有小伙伴们的痛点。大家一定不要用美妆蛋拍遮瑕膏，不仅起不到遮瑕作用，还特别容易卡粉。我推荐大家两种适合遮瑕的小刷子，一种是小头的遮瑕刷，能精准遮瑕，堪称痘印克星。另一种是这两年比较火的指腹刷，受力比普通的遮瑕刷更好，使用起来也很方便。

大部分人要重点遮瑕的地方有三处：（1）痘印。一定要局部

点涂，只涂有痘印的地方，等稍微变干一点后再慢慢晕染边缘。（2）法令纹。可以先用遮瑕膏在法令纹上画一条线，再用相对松软的刷子轻轻扫开。要点是轻扫，别按压得很实。（3）黑眼圈。先用偏肉色或橘色的遮瑕色中和一下黑眼圈，不要盲目追求完全遮盖，要少量多次点涂，等眼下的颜色比较自然后，再用稍亮一点的颜色画一下泪沟，轻轻扫开，提亮泪沟。

38. 不同部位用不同滋润度的遮瑕膏

如果你用遮瑕膏的时候特别容易卡粉，很可能是选择的遮瑕膏滋润度不够。其实，大部分人的脸颊都比眼下滋润，所以可以在脸颊上用稍干一些的遮瑕膏。眼下则要选更滋润的遮瑕膏。目前很多遮瑕盘都考虑到了这点，一个盘里有两种滋润度的遮瑕膏，如果你手里没有，也可以用吹风机给遮瑕膏加热，使其充分变软、变滋润。还可以滴一滴精华油再用指腹揉搓开，更多的时候我比较懒，为了图省事还会把遮瑕膏放在太阳底下，晒一晒也就软啦！

39. 你需要一支睫毛卸妆液

睫毛膏的作用主要在于放大双眼和使妆容更加精致。但为了防水防汗，市面上的睫毛膏大多数都很难轻松卸除。我们的眼部肌肤很脆弱，长时间用化妆棉蘸卸妆水湿敷后再用力拉扯清洁特别容易长出细纹，而传统的卸妆油或卸妆膏乳化后又很容易进入眼睛，造成刺痛、模糊，因此一定需要使用专门的睫毛卸妆液。它的外形看起来和睫毛膏一样，每次卸妆的时候，只要拿出来刷一刷就可以轻松卸除，比传统的卸妆产品更加精准、高效，也更轻柔温和，第一次使用的时候我就非常激动！这也太方便了！

40. 想要面部立体，修容一定要轻

新手修容主要有两个误区，一个是下手特别重，虽然按步骤修饰了下颌骨、鼻梁，但是却没有提升整体面部的立体感，反而显得妆容很脏。另一个是手法不对，修容强调的是局部修饰和少量多次，更要通过每个人自己的脸型来修饰，真的算是个精细活儿。

首先是**面部轮廓，着重在颧骨和下颌线处刷修容粉，能起到颧骨内缩，回收下颌线的效果**。具体的手法是先用修容刷蘸粉，然后一定要去掉表面的浮粉。在空气中抖一抖或在手上先刷一刷都可以，再在确定的位置上打圈，并往下（内）延伸。这种手法会有效地修饰面部轮廓，让整张脸看起来小一圈，脸形更加流畅。

其次是修饰鼻子，要把**第一笔落在山根处，拿刷子上下晕染。**

第二笔则落在鼻尖两侧，从鼻孔凹陷的外缘开始刷，轻轻修饰，让鼻尖看起来更明显。千万不要在鼻梁两边从头到尾画一条直线，那样看着特别死板。

41. 修容和高光永远是一体的（图示）

只做修容阴影，没有高光提亮，脸上的光影是不完整、不立体的。

彩妆中比较常见的高光有两种，一种是珠光高光，带有反光粒子，在灯光或阳光的照射下看起来会有波光粼粼的感觉。还有一种是亚光高光，相对而言更真实自然，能够在视觉上有效填充面部的凹陷。这两种高光无论选择哪种，都是妆容中不可缺少的，往往提亮会让妆容更精致、更减龄，还会显得更有活力。唇峰处打上高光可以在视觉上缩短人中，显得唇妆更加饱满；鼻头和山根的位置进行提亮，也能瞬间让鼻子在视觉上"拔地而起"！但不管涂在哪个位置，都不要涂太多，不然容易喧宾夺主，抢了整个妆面的风头。

鹅蛋脸　　　心形脸　　　长脸

○ 高光
● 阴影

梨形脸　　　方脸

42. 腮红里的膨胀色是一种神奇的存在

膨胀色是指饱和度低、明度（颜色的明暗程度）高的颜色，比如紫色、蓝色，等等。通常会让人感觉这类颜色都比较夸张大胆，无法想象涂到脸上后的样子，但实际上膨胀色可以更好地提升气色和增加面部立体度。如果日常逛商场的时候，有机会在专柜试试颜色，那么皮肤偏白的人可以试一试腮蓝，上脸后感觉会更清透；肤色偏黄的人，可以用用腮紫，能中和掉脸上的黄气，而腮紫和腮红的叠涂，也会比单独使用腮红来得更加自然透亮。真的非常神奇，大家可以试试。记得下手要轻要淡哈。

43. 定期清洗化妆工具

定期清洗化妆工具的主要原因有三个：

第一，防止皮肤感染细菌。长期使用的粉扑和各种刷子上，非常容易滋生细菌，长期不清洗，可能会导致面部皮肤菌群失调，进而引发皮肤脆弱或皮肤屏障受损。第二，预防螨虫。螨虫是一种肉眼不易看见的微型害虫，没有及时清洗的化妆工具是非常适宜它们生长的温床，一旦螨虫侵入皮肤，很容易引起皮肤炎症，导致粉刺、长痘、闭口等皮肤问题。第三，破坏妆面效果。粉扑、刷子等工具上残留的余粉，会让妆面显脏或结块。所以，为了健康和美丽着想，一定要定期清洗化妆工具。

另外，卫生间的环境相对潮湿，更容易滋生细菌，清洗后的化妆工具一定要放在干燥且通风的环境里晾干，特别是清洗一些动物毛材质的化妆刷时，不要用太便宜的清洗液，容易对化妆刷的毛质造成伤害。

44. 别忽视了产品保质期

我们需要注意化妆品的两个保质期，一个是开封前的日期，另一个是开封后的保质期，未开封时保质期一般是三年，而开封后化妆品的保质期，一般是半年至一年不等。如果产品里的油脂含量高水含量低，则也会延长到两年甚至更久。这里可以查看产品包装上一个类似开盖的标志（标志需打出来）。上面会标记 6M、12M 或 24M，M 代表月份。也就是说，它的开封后使用时间是 6 个月、12 个月或 24 个月。

如果你的化妆品非常多，记不清楚它们的开封日期，不妨在瓶底用贴纸进行记录，或者准备一个便宜的小本子，这样会避免皮肤因使用了过期产品而导致过敏、红肿、起痘、烂脸等不良反应。

45. 精致女孩连指甲缝都不会放过

我们做美甲前都会涂一层护甲油,给指甲增加营养,让它更强韧,平时多涂油性的指缘油,也能防止指甲边缘干裂。因为指甲周围的皮肤特别容易干燥,会出现一些老废皮屑或者倒刺,滋润度较高的指缘油,可以修护及软化粗硬的指缘皮肤,为指甲保湿。

市面上的指缘油设计都比较用心,头部是滚珠或小毛刷,轻涂一笔,用手指揉一揉就可以吸收。一天涂 1~2 次,长时间用下来指甲会变得又硬又有光泽。我一般有两支,一支放家里,一支放包里,随时使用。

46. 脚后跟的护理

特别是秋、冬季节,脚后跟很容易起硬皮,甚至开裂。大家平时要养成泡脚的习惯,可以有效软化皮肤,促进脚部的血液循环。

根据脚后跟的干燥程度,可选择对应的护理乳或护理霜。如果干燥情况比较严重,那就厚厚地涂一层凡士林,然后用保鲜膜和塑料鞋套包裹住脚部,让营养成分被充分吸收,最后用湿纸巾擦干再薄薄擦上护理乳即可。

当然,脚后跟的护理也和夏天息息相关,如果特别粗糙,不仅和精致漂亮的美甲不太协调,也会影响穿凉鞋时的美感,尤其是一些重要的场合还有可能刮坏纤薄的丝袜，让你陷入尴尬。

47. 究竟什么是抗糖

通俗地讲，抗糖就是抗老和抗皮肤暗沉，通过控制身体摄入的糖分量，达到减缓衰老和提亮肤色的效果。不过一定要找到一个平衡点，抗糖不是完全不摄入一点儿糖分，而是不要摄取过多的精制糖和油炸食品。健康的抗糖方式并没有太高的难度，主要是合理摄入糖分，再搭配使用一些抗糖类的护肤品，如果能适当做些体育运动就更好了。

切记不要完全"戒糖"和"断碳水"，那样很容易造成身体内的血糖不足，反而不利于身体健康。

48. 不要在家里刷酸

经常有爆痘、色素沉着、闭口等困扰的小伙伴，应该都听说过刷酸。没错，正确刷酸的确能有效缓解上述问题，但是我非常不建议自己在家里操作。

刷酸的目的是为了剥落老废角质，但要根据个人具体的肤质情况做判断，不一定适用于每一个人。加上日常使用产品的浓度情况不一，所以必须要配合一定的专业手法才能进行。一旦操作不当反而很容易损伤皮肤。必须要去正规医院，医生会从低浓度到高浓度逐级对皮肤进行测试，既能达到效果也能保证安全。

49. 超好用的减肥小技巧

选用比平时小一号的餐具。颜色上尽量选择蓝色系，这样可以更好地起到抑制食欲的作用。

把普通油壶换成喷嘴油壶。能更好地控制每餐的用油量，避免身体摄入过多油脂。

用白肉替代红肉。鱼肉、鸡胸肉等白肉中富含更多的蛋白质，脂肪的含量和热量也相对更低。

调整吃饭的顺序。先吃蔬菜，再吃肉，最后吃主食。

用粗粮代替大米和白面。红薯、玉米等粗粮中含有更高的膳食纤维，可以更好地增强饱腹感。

千万不要用果汁代替水果。水果被打碎后，里面的糖更容易被身体吸收。一定不要。

50. 超实用的形体小技巧

告别高低肩。先对着镜子看一下，自己有没有高低肩的问题，假如你是左肩低右肩高，可以把左胳膊举起来。手肘尽力冲向天花板，然后用右手去掰左手的手肘，一组 20 次，每天四组，如果是右肩低左肩高，则动作相反，次数不变。

瘦小腿。用脚尖抵在墙上，身体贴近墙面，让脚尖和地面形成一个三角形，可以让平时处于紧绷状态的小腿肌肉得到放松，有拉伸的感觉，坚持下去就能让我们的小腿线条悄悄变美。

瘦腹部。长期保持坐姿的人，特别容易积攒腹部的脂肪，建议平时走路的时候要记得收腹。久而久之，腹部会形成肌肉记忆，保持一个紧绷的状态。同时，也能稍稍抑制我们的食欲。

让双眼变得炯炯有神。最重要的是保证眼球得到充分放松。很多眼睛近视的小伙伴，由于长期佩戴眼镜，容易看起来双眼无神。推荐一个锻炼眼睛的小方法，不管是课间休息还是工作间隙，可以把双手半握成望远镜的形状，放在眼睛上，然后看向远方两米远的一个位置，转动眼球，画"米"字形或画四边形。

一些想写在最后的话

我知道，生活在今天这样快节奏的网络时代，我们总会有太多的理由迷茫和焦虑。只要你想，大数据就会推送追不完的热点话题和成功偶像，然后让你陷入深深的自我怀疑，为什么自己不够好，为什么别人总比自己好。

压力当然会有，消极的时刻也当然会有，但这就是生活本来的样子，只要想比较，永远都不会有尽头。我当然不是让你逃避竞争，只是希望你可以明白，永远跟在别人的身后奔跑，只会让你偏离属于自己的轨道。

最重要的是学会静下心来，问问自己，想要的究竟是什么，到底什么是最重要的。只有想清楚了这些，才不会让自己陷入苍蝇乱撞一样的盲目追赶和永无尽头的自我拉扯中。我们总是把太多的目光投放在了要追赶的影子上，却忘了好好地关照一下自己，要学会给自己的生活找到突破口，更要找到自信。无论到了什么时候，都不要丢了自己的目标和方向，更不要丢了自己。

每一朵花都有属于自己的花期，不必慌张焦虑，也不必羡慕别人的绽放，专注于当下哪怕微小的进步，都可以让自己变得越来越好。

我们都可以。